海に沈んだ大陸の謎

最新科学が解き明かす激動の地球史

佐野貴司　著

ブルーバックス

装幀／芦澤泰偉・児崎雅淑
カバー写真:西之島／2015年２月13日撮影(海上保安庁提供写真を加工)
扉イラスト／大高郁子
本文デザイン／ next door design
図版／さくら工芸社

はじめに

ムー大陸伝説は誰もが一度は聞いたことがあると思います。それは1万年以上もの昔、太平洋に大陸が存在し、高度な文明が栄えていたが、天変地異により海底に沈んでしまったというものです。多くの人は、この伝説をただのオカルト話とみなし、海に沈んだ大陸など存在しないと思っていることでしょう。しかし、本当にそうでしょうか？　太平洋の海底地形を見て、ムー大陸の痕跡など存在しないと確認した人は何人いるでしょうか？

最近ではインターネットでGoogle Mapなどへアクセスすれば、海底地形もすぐに確認できるので、もしまだ見た記憶がない方は、太平洋の海底地形を調べてみましょう。すると、海底は平坦ではなくデコボコしていることに気づくはずです。デコボコの中で海面から頭を出しているのはハワイなどの海洋島、頭を出していないのは海山です。そして、海山よりもずっと広大な台地がいくつも存在することにも気づくはずです。これら台地は「巨大海台」とよばれています。中には日本列島の数倍の面積をもつものがあり、海底に沈んだ大陸のように見えます。

巨大海台の中には、かつて海面から頭を出していた部分も存在することがわかっています。そのことを考慮すると、このような巨大海台は海に沈んだ大陸といえるかもしれません。これこそが海に沈んだムー大陸なのでしょうか？　ところが、話はそれほど単純ではありません。海に沈んだ大陸を発見したといえるのは、巨大海台が大陸の特徴をもつことを地学的に証明できた場合です。このことを理解するためには、地学（地質学）の基礎から少し難しいことまで理解している必要があります。

地学は理科科目の一つであり、大地をつくる地層、鉱物、化石などを研究する分野ですが、日本では他の科目とくらべるとあまり勉強されていないようです。以前、高校の理科の先生から、「地学がよくわからないので、授業でうまく教えられません。そもそも社会科の地理との違いは何ですか？」と質問されたことがあります。

地学と地理とは違います。単純に比較すると、地理は地図をつくったり地形の成り立ちを知る学問ですが、地学は地球内部の構造や地球の歴史を調べる学問なのです。大陸と海洋の違いを考える場合、地理の世界では海水面よりも標高の高い場所が大陸、低い場所が海洋となりますが、地学の世界では違います。大地をつくる岩石の種類によって大陸と海洋底とを区分するのです。したがって、海の下に沈んでいても、大陸の岩石からつくられている場所は大陸とよびます。たとえば、「大陸棚」という用語を聞いたことがあると思いますが、これは海底に存在する大陸なのです。しかし、これだけの説明では、地学的な大陸の見方がよくわからないかもしれません。

そこで本書は、ムー大陸伝説を地質学的に検証するというかたちで、地学の基礎から説明し、大陸と海洋底の違いや、地球の歴史における大陸の成長史などについて解説していきます。そして太平洋の海底に存在する巨大海台とは何なのか（ムー大陸なのか?）について考えていきます。さらに、ムー大陸伝説やアトランティス大陸伝説で語られているよりも大規模な天変地異が、地球の歴史において繰り返し起きていたことについても述べていきます。この天変地異は超巨大火山の噴火や巨大隕石の落下により引き起こされているようです。

本書は、ムー大陸伝説に興味のある中高生に読んでもらうために、地学の基礎から解説しています。また、大学や大学院で地学（地球科学）を専攻している学生にも満足してもらえるように、最新の研究成果も紹介しています。そして中学校や高校で理科を教えているけれど、地学がよくわからないという先生にも目を通していただき、地学を深く理解してもらいたいと希望して執筆しました。

さてムー大陸は本当に存在したのでしょうか?　現代の地質学で、ムー大陸のミステリーに挑みましょう。

海に沈んだ大陸の謎 ◉ 目次

第3章 そもそも大陸とはなにか?——その材料と成り立ち

第4章 大陸形成の歴史

第5章 第七の大陸は実在する！……167

第1章

ムー大陸は本当にあったのか？

太平洋の下には、巨大海台とよばれる広大な台地がいくつも存在する。これら巨大海台は、かつて水面に頭を出して陸化していたらしく、伝説のムー大陸を想像させる。さらに太平洋を囲む地域には、かつての巨大海台が水平に移動して大陸と衝突したような痕跡がある。この痕跡はテレーンとよばれ、多くの地質学者の研究対象となってきた。巨大海台とテレーンを詳しく見ていこう。

1-1 海に沈んだ大地

陸は地表のたった30%

　幼少の頃、毎年夏になると家族で海水浴へ出かけたのを覚えています。浮き輪につかまって泳ぐのは爽快でしたが、ひっくり返って溺れかけた記憶も残っています。足のつかない深い海が水平線の向こうまで続いていると考えると恐ろしくて、すぐに海から出たくなったものです。そのようなわけで、海は怖い場所、陸は安心して遊べる大地と思っていました。

　小学生になり、社会科の授業で大陸と海洋の分布について学んだとき、我々の生活する大地はたったの30%しかなく、残りの70%は海であると知り、すごく残念に思ったのを覚えています。読者の中にも、広大な海の存在を初めて知ったとき、私と同じ気持ちになった人がいるかもしれません。そうでなくても、子供のときに「もし海の真ん中にもっと大陸があったら、人間の暮らせる大地が増え、どれだけ素晴らしいだろう」と思い描いた人は多いのではないでしょうか。そのような子供たちにとって、太平洋のムー大陸伝説や大西洋のアトランティス大陸伝説は心が躍る話だったに違いありません。

私は、幼い頃から自然や大地の成り立ちに興味がありました。ムー大陸伝説を紹介する本を初めて読んだのは小学生時代で、この話に強く引き込まれたものです。しかし、中学や高校で地学や地理の知識を得るにつれ、この伝説はたんなる〝お話〟だろうと考えるようになりました。その一方で、「太平洋や大西洋の底には何が眠っているのだろう」という疑問はずっと持ち続けていました。そして、地質学者としてあらためてムー大陸伝説に興味を持つようになったのです。

ムー大陸伝説

私を含む多くの子供たちを引きつけたムー大陸とは、どのような大地だったのでしょうか。まずは、ムー大陸伝説を紹介します。

ムー大陸伝説に関する子供向けの本は小学生のときに読みましたが、オリジナルの内容は知らなかったので、今回じっくりと読んでみました。ジェームス・チャーチワードという人が書いた『失われたムー大陸』（ボーダーランド文庫　小泉源太郎　訳）です。チャーチワードの説には、現代の知識からするとおかしな部分もありますが、ここでは、彼の書いた内容をひととおりおさらいしてみましょう。

図１－１はムー大陸の想像図です。この大陸は広大であり、「東の端は現在のハワイ諸島、西

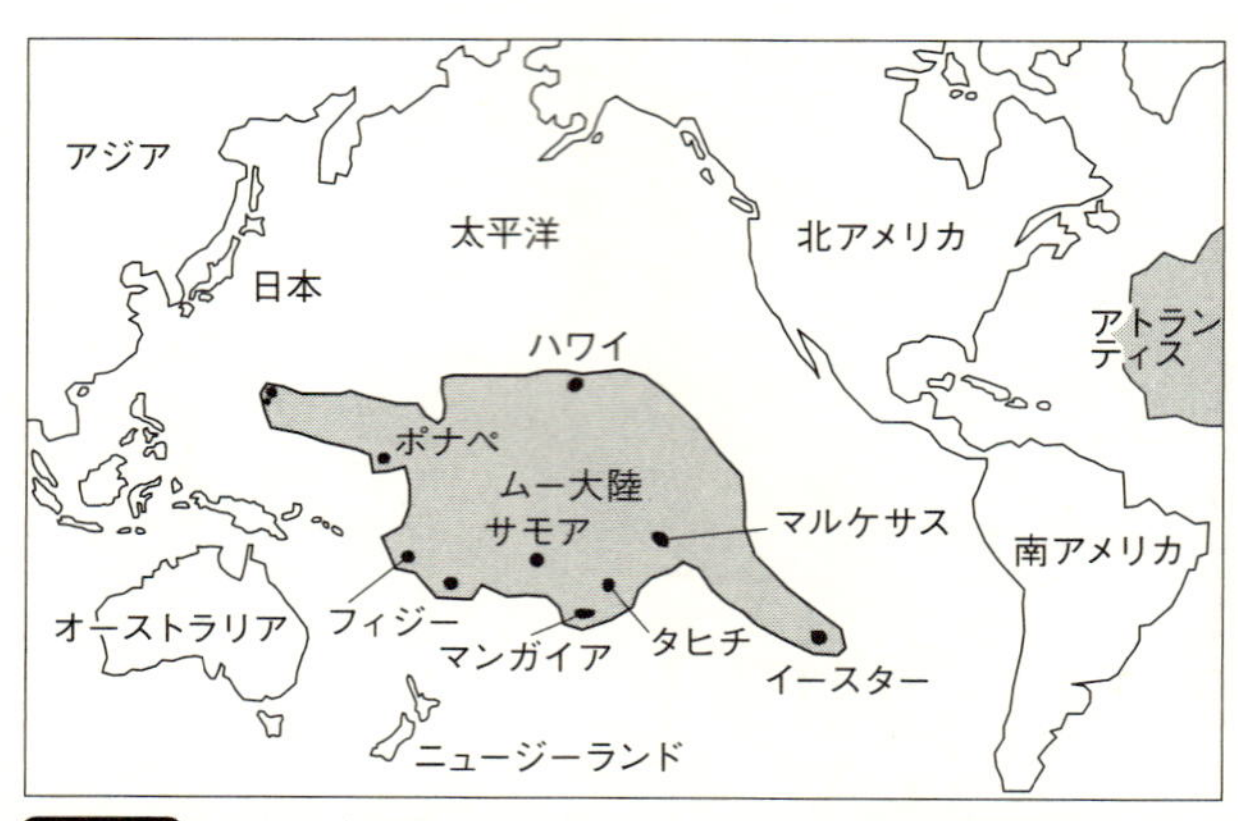

図 1-1 ムー大陸の想像図（チャーチワードの図を簡略化）。

の端はマリアナ群島、南はポナペ（ポンペイ）、フィジー、トンガ、クックの諸島を結ぶ線、最東南端はイースター島に至る地域を占めていた。東西の延長八千キロ、南北五千キロにわたり、太平洋の面積の半分以上になる」と紹介されています。図1－1を見ると、ムー大陸はユーラシア大陸にはかないませんが、オーストラリア大陸や南アメリカ大陸よりも広い大地だったことがわかります。ここでポナペという地名を初めて聞いたという人がいるかもしれません。これはミクロネシアの首都パリキールがある島の名前で、最近はポンペイとよばれています。ですが、イタリアのヴェスヴィオ火山の噴火によって壊滅した悲劇の都市ポンペイと混同する恐れがあるので、本書ではポナペとよびます。

チャーチワードによると、ムー大陸に人類が誕生したのは5万年以上前であり、その後非常に高度な文明が栄えたそうです。しかし1万2000年前に大部分が海に沈み、わずかに残った大地がハワイや南太平洋の島々になったといいます。

1万2000年以上前に文明が発達していたとすれば驚きです。同僚の人類学者に聞いてみたところ、文明というものは農耕から始まるそうです。農耕の最も古い証拠が残されているのが、西アジアのイランからイラクにかけて広がる地域です。後にメソポタミア文明が発達した地域です。この農耕の始まりが約1万年前と推定されているので、ムー大陸文明はそれよりも古いことになります。

イースター島のモアイ像

チャーチワードは、ムー大陸の存在を示す重要な証拠として、太平洋の島々に残された遺跡に注目しました。その中で最も有名な遺跡がイースター島のモアイ像でしょう。チャーチワードの説明によると、モアイ像は500個以上もある巨大な人面像であり、その多くは高さが5〜6m、つくりかけの像の中には高さ約20mのものがあるそうです。このような巨大な人面像をつくったり運んだりするには高度な技術が必要であり、像自体がムーの高度な文明が存在した証拠だというのです。イースター島の他にも、クック諸島に属するラロトンガ島やマンガイア島、カロリン諸島のポナペ島やクサイエ島には神殿や巨石が存在し、これらもすべてムー文明の証拠だと

図1-2 モアイ像（所蔵：スミソニアン自然史博物館）。

主張しています。

私自身、イースター島へ行ったことはありませんが、本物のモアイ像を見たことがあります。それはアメリカの首都にあるスミソニアン自然史博物館を訪れたときです。博物館の裏口付近にはイースター島から運ばれてきたモアイ像が展示されていました（図1－2）。実物は迫力満点で、私が勤める国立科学博物館にもぜひ展示したいと思ったのを覚えています。

伝説では、かつてモアイ像は体をゆすって歩いたとされていますが、科学的には考えられないことです。モアイ像はイースター島の巨大な火山岩を削って巧妙につくられました。トラックやクレーンのない時代に、5ｍを超える巨像を石切場から運んだり立たせたりするためには、優れた英知が必要だったはずです。

ムー大陸文明の首都

チャーチワードが南太平洋の諸島中で最も注目すべき遺跡がある島と書いているのが、ミクロネシア連邦のポナペ島です。その遺跡はアーチ型天井の部屋や通路からなる大神殿で、さらに運河や土塁に通じている、と解説されています。これは、島の南東部に存在するナン・マドール遺跡のことを指していると思われます。遺跡の規模が大きいため、チャーチワードは「人口は十万を下らなかったと思われる」と推定し、ここがムー大陸文明の首都ヒラニプラの跡かもしれないと記しています。

実は、私が２０１６年の春に調査船に乗ってオントンジャワ海台（後述）を探査した時の出港地がポナペ島でした。通常、出航前は調査の準備が忙しく、島の見物などを行う暇はありません。しかし、ムー大陸文明の首都と疑われる遺跡を見逃すわけにはいきません。そこで出航の前日に時間をつくって、ナン・マドール遺跡を訪れてみました。

ナン・マドール遺跡は長さ１５００ｍ、幅７００ｍの海域に存在する95の人工島からできており、それぞれの島は水路で隔てられています。ナン・マドールとは現地の言葉で「間の地」という意味だそうです。この遺跡を浦島太郎伝説の竜宮城の正体だと説明するガイドブックもあります。

図 1-3 ナン・マドール遺跡。ミクロネシア連邦のポナペ島に存在する。

私は遺跡から少し離れた海岸でボートに乗り込み、海上から水路を経て遺跡に入りました。水路の両側に見える人工島の上には、「柱状節理」とよばれる多数の石柱を積み重ねた壁がいくつも確認できました。柱状節理とは、溶岩が冷え固まる際に均等に収縮して規則正しく割れ目が入ってできた石柱です。それぞれの割れ目が120度の角度で交わることが多いため、柱状節理の多くは六角形をしています。

私が見物したのは、ナン・マドール遺跡のナンタウスとよばれる場所でした。図1−3に見られるように、柱状節理が縦と横の交互に規則正しく積み重ねられた、美しい建造物が残っていました。この遺跡には、王の墓や、捕虜を閉じ込めていた牢獄などもあります。さらにガイドの案内で城壁の上へ登ると、視界が一変しました。遺跡は密林の中にあるため、遺跡の中からは近辺しか見えなかったのに対し、城壁の上は見晴らしがよく、太平洋を一望の下に見渡すことができたのです。恐らくチャーチワードもこの遺跡を訪ね、同じように素晴らしい景色を見て、ここがムー大陸文明の首都の跡かもしれないと思ったのでしょう。

ムー大陸の大陥没

さて、ムー大陸はどのようなメカニズムで海底へ沈んでしまったのでしょうか。『失われたムー大陸』には、大陸下のガス・チェンバー（ガス溜まり）からガスが抜け、残った空洞に大地が落ち込んだ、と書かれています。チャーチワードは、太平洋の地下に大小さまざまなガス溜まりが分布していたと想像したのです。そして、大陸の中でもその真下にガス溜まりがなかった部分は、大陥没を免れて南太平洋の島々となったと考えました。

このガス・チェンバーに大地が落ち込む現象と似たメカニズムが、現代の地質学の世界でも示されています。それは、カルデラ火山をつくるメカニズムです。

カルデラ火山とは、中央部に大きな窪地をもつ火山で、この窪地をカルデラといいます。日本で有名なカルデラ火山として、東北の十和田火山や九州の阿蘇火山があげられます。十和田火山のカルデラは直径が10㎞を超える巨大なもので、その一部に水が溜まり十和田湖を形成しました。阿蘇カルデラには水は溜まっていませんが、カルデラの縁に立つと、雄大な陥没地形を観察することができます。

カルデラを形成する陥没のメカニズムは以下のように考えられています。陥没前の火山体の下には、大きなマグマ・チェンバー（マグマ溜まり）が存在していました。ところが、激しい火山噴火が起きて、マグマ溜まり中からマグマが抜け、空洞となってしまったのです。この空洞へ火山体の中央部が落ち込み、巨大な陥没地形がつくられました。

カルデラ地形の形成モデルは壮大ですが、ムー大陸の形成モデルが想定する陥没はこれと比較にならないほど規模の大きなものです。単純に陥没部の面積をくらべると、カルデラ地形の10万倍もの大地が落ち込んだことになります。本当にそのような陥没があったのでしょうか。この検証は第5章で行うことにします。

瓜生島伝説

ムー大陸伝説のように大規模ではありませんが、日本にも海に沈んだ島の伝説がいくつかあります。その中の一つが、大分県の別府湾に沈んだとされる瓜生島（うりゅうじま）の伝説です。私は30代前半の2年間、大分県に住んでいたため、大分に生まれ育った知り合いが何人かいます。大分に移り住むまで私自身はまったく知りませんでしたが、地元では瓜生島伝説は有名だそうです。

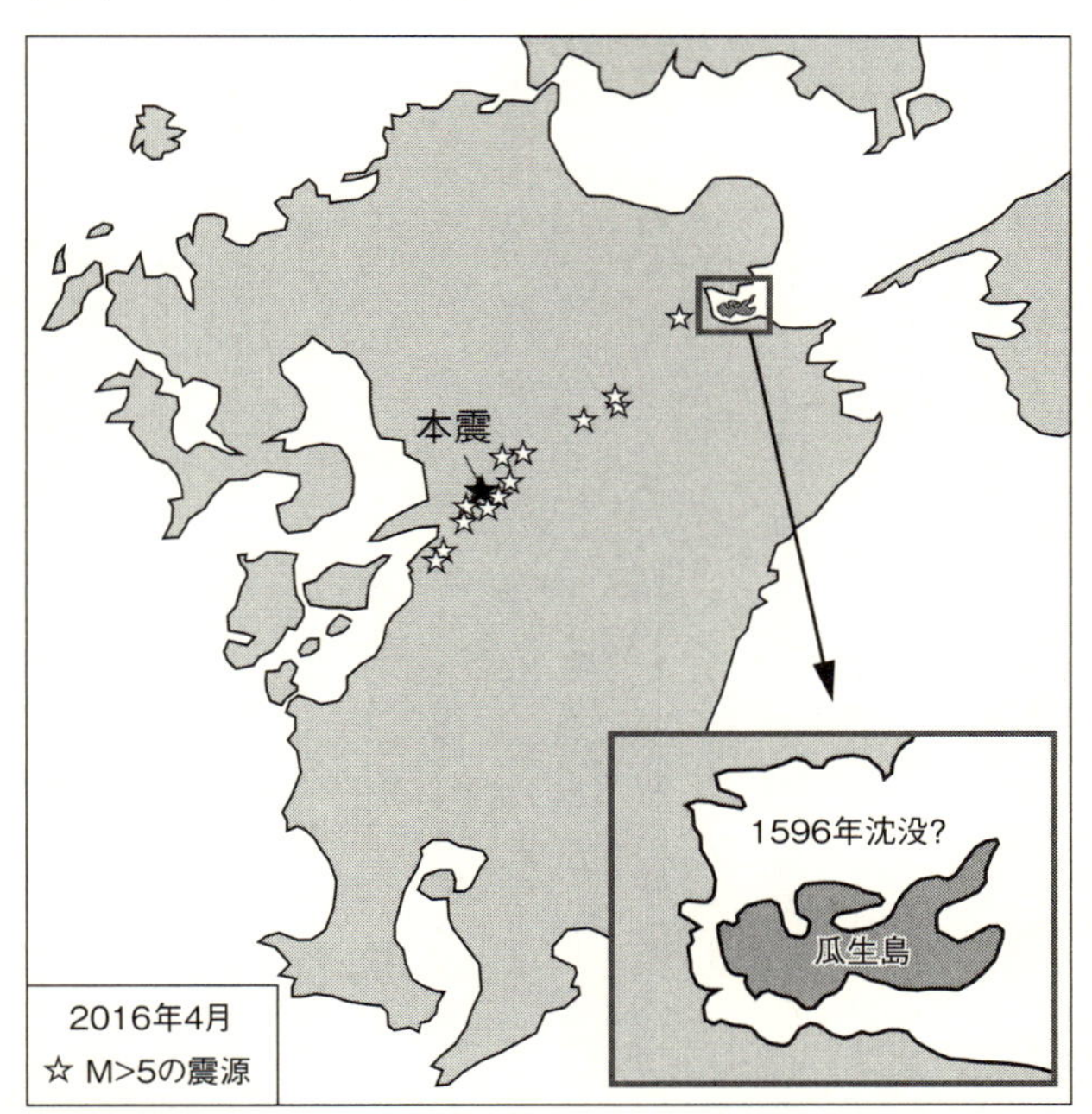

図 1-4 別府湾に沈んだ瓜生島。2016年４月に発生した熊本―大分地震のM＞5の震源も示した。Mは地震の規模（エネルギー）を表すマグニチュード。

その伝説によると、別府湾に浮かんでいた瓜生島は東西約４㎞、南北約２㎞という大きさで、戦国時代には数多くの人が住み、神社や寺もあったようです。ところが１５９６年の巨大地震に襲われて、一夜にして海に沈んでしまったというのです。

この瓜生島伝説について、大分大学を中心とする調査チームにより科学的検証が行われ、その成果が１９９１年に科学雑誌『ニュートン』で紹介されました。このときに掲載された瓜生島の地図を簡略化して図1－4に示します。

1596年の巨大地震は実際に起きたことが、日本の正式な歴史の記録に残されています。これは別府湾直下が震源の大地震であり、9月4日に発生しました。後に別府湾地震または慶長豊後地震とよばれるようになった地震です。別府湾地震は、翌日の9月5日に京都や大阪を襲った慶長伏見地震を誘発したとも考えられています。慶長伏見地震は豊臣秀吉のいた京都伏見城の天守閣を大破させ、1000人を超える死者を出したと記録されています。日本の歴史に残る巨大地震であり、時代劇や小説で描かれることもあります。2016年4月に熊本や大分で巨大地震が多数発生しましたが、それらの震源はほぼ直線状に並びます。面白いことに、その直線を東方に延長すると、ちょうど瓜生島があったとされる場所にぶつかります（図1－4）。

残念ながら、瓜生島の存在とその沈没に関しては、科学的な裏づけのある記録が残っていません。『ニュートン』誌は、地震に伴う液状化現象により地盤が悪化し、島全体が海底に向けて崩れ、沈んでしまったという仮説を紹介しています。しかし海底調査の結果、瓜生島のような大きな島が存在した痕跡は見つかりませんでした。瓜生島は伝説上の島にすぎないという考えも多く、いまだに静かな論争が続いています。

少し話が横にそれましたが、太平洋の海底にはムー大陸の痕跡かもしれない地形が眠っています。次節では、この地形について説明しましょう。

1-2 巨大海台は大陸の残骸か？

太平洋に残る大陸の欠片？

太平洋の大部分は深さ4000mを超える深海ですが、海底のところどころに高まり（海山）があり、中には海面から頭を出して海洋島となっている場所もあります。これら海山や海洋島の多くは活発な火山です。チャーチワードは、これらは大陥没を免れたムー大陸の一部と主張しました。大陥没を引き起こした天変地異の名残として、現在も火山活動が活発に起こっていると考えたのです。

ところが、海山や海洋島のような小規模な高まりとは違い、幅が1000㎞を超える広大な海底の台地が西太平洋にはいくつか存在します。これらは「巨大海台」とよばれています。中には高さが3000mを超えるものもあります。

これら巨大海台の存在に注目したのが、スタンフォード大学（アメリカ）のヌル教授とベン・

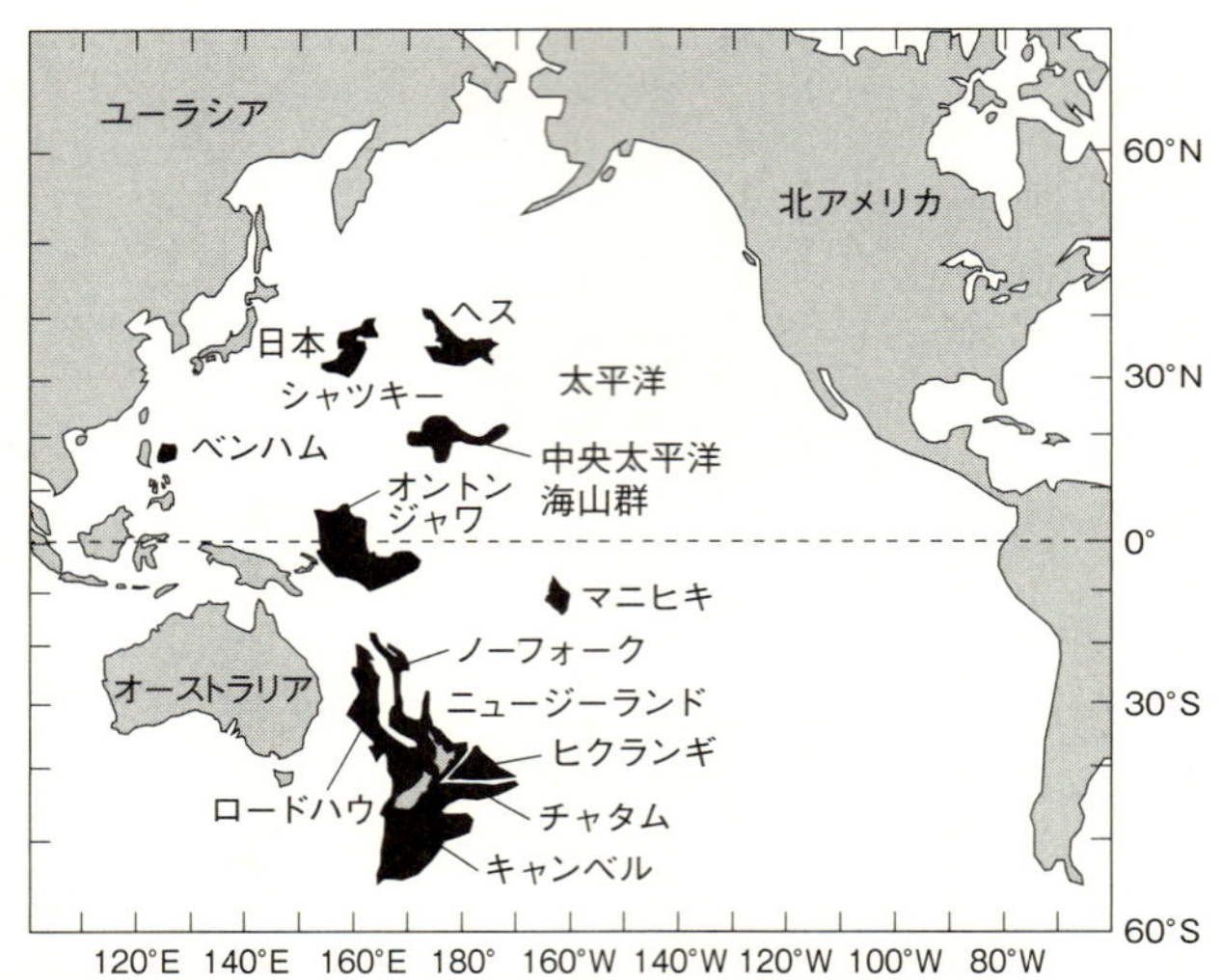

図 1-5 太平洋に分布する巨大海台（1982年にヌル＆ベン・アブラハムが公表した図を簡略化し、中央太平洋海山群とヒクランギ海台を追加）。

アブラハム教授です。彼らは世界中の海底地形を精力的に調べ上げ、巨大海台は西太平洋とインド洋に多いこと、面積にして海洋底の10％を占めることなどを明らかにしました。彼らが1982年に公表した巨大海台の分布図を図1－5に示します。太平洋が広いので小さく見えるかもしれませんが、シャツキー海台やオントンジャワ海台を日本列島と比較してみると、その広大さがわかるはずです。なお、ヌル教授らは中央太平洋海山群とヒクランギ海台を描いていませんでしたが、その後の調査により、これらの存在も明らかになりました。

ヌル教授たちは、これら巨大海台の

構造や性質が周囲の海洋底とは違うため、大陸の一部であると考えました。かつて南半球に存在した巨大な大陸が分裂し、太平洋に散らばって巨大海台となっていると主張したのです。ムー大陸の大陥没モデルとは違う考えではありますが、失われた大陸の存在を主張した点で共通します。この学説は、１９７０年代の後半から１９９０年代にいたるまで地球科学界で幅広く検証されてきました。このアイデアについては、最近の観測事実も取り入れながら、次章でじっくりと紹介します。その前に、それぞれの巨大海台の特徴について説明しましょう。

シャツキー海台――日本に最も近い巨大海台

図１-５を見るとわかる通り、我々の住む日本から最も近くにある巨大海台が「シャツキー海台」であり、本州から約１５００㎞東の太平洋に存在します。「シャツキー海膨」とよばれることもありますが、海台（oceanic plateau）と海膨（oceanic rise）の名称の違いは地質学的には意味がないので、本書では海台も海膨もすべて「海台」に統一します。20世紀の海洋調査により、シャツキー海台は巨大な火山の集合体で、３つの火山体からなることがわかりました。

一般に、海底にマグマが噴出すると固まって溶岩になります。多量のマグマが噴出すると、新しい溶岩が古い溶岩の上に次々と重なり、火山体は巨大化していきます。そして周りの海底とくらべて３０００ｍも高い巨大火山へと成長し、シャツキー海台が形成されたというわけです。火山といっても、噴火していたのは1億年以上前であり、今は活火山ではありません。しかし、噴火口はどこにあったのか、溶岩はどのように積み重なって地層を形成したのか、などの詳細はわかっていませんでした。

そこで2009年秋にシャツキー海台の調査が行われました。これは、掘削船という巨大な船を使って海底に孔を掘り、地下深くの地層を採取して調べるという研究です。この掘削船でシャツキー海台を掘っている様子のイラストを図1-6Bに描きました。シャツキー海台を掘って溶岩を採取するには、高い技術が必要です。水深が3000mを超えるうえに、溶岩層の上には厚い堆積物の層があり、これを貫通しなければいけないからです。前述の通り、噴火した溶岩層が積み重なったのは1億年以上前なので、この上に泥が厚く降り積もって堆積層を形成しているのです。堆積層の厚さが1000mを超える場所もあります。

2009年秋の調査では5地点で掘削が行われ、そのうちの4地点で堆積層を貫通して溶岩層に到達しました。この4地点で採取した溶岩を調べたところ、新しい発見がありました。掘削地点は水深3000mを超えているのに対し、噴火した時は火山体の水深が1000mよりも浅かったことがわかったのです（詳しくは第5章参照）。これは、1億年間に火山体が2000m以上も沈んだことを物語っています（図1-6）。そして1地点では過去に陸上へ現れた特徴を示す溶岩も見つかりました。つまり、シャツキー海台は大量のマグマの噴出により火山体が巨大化

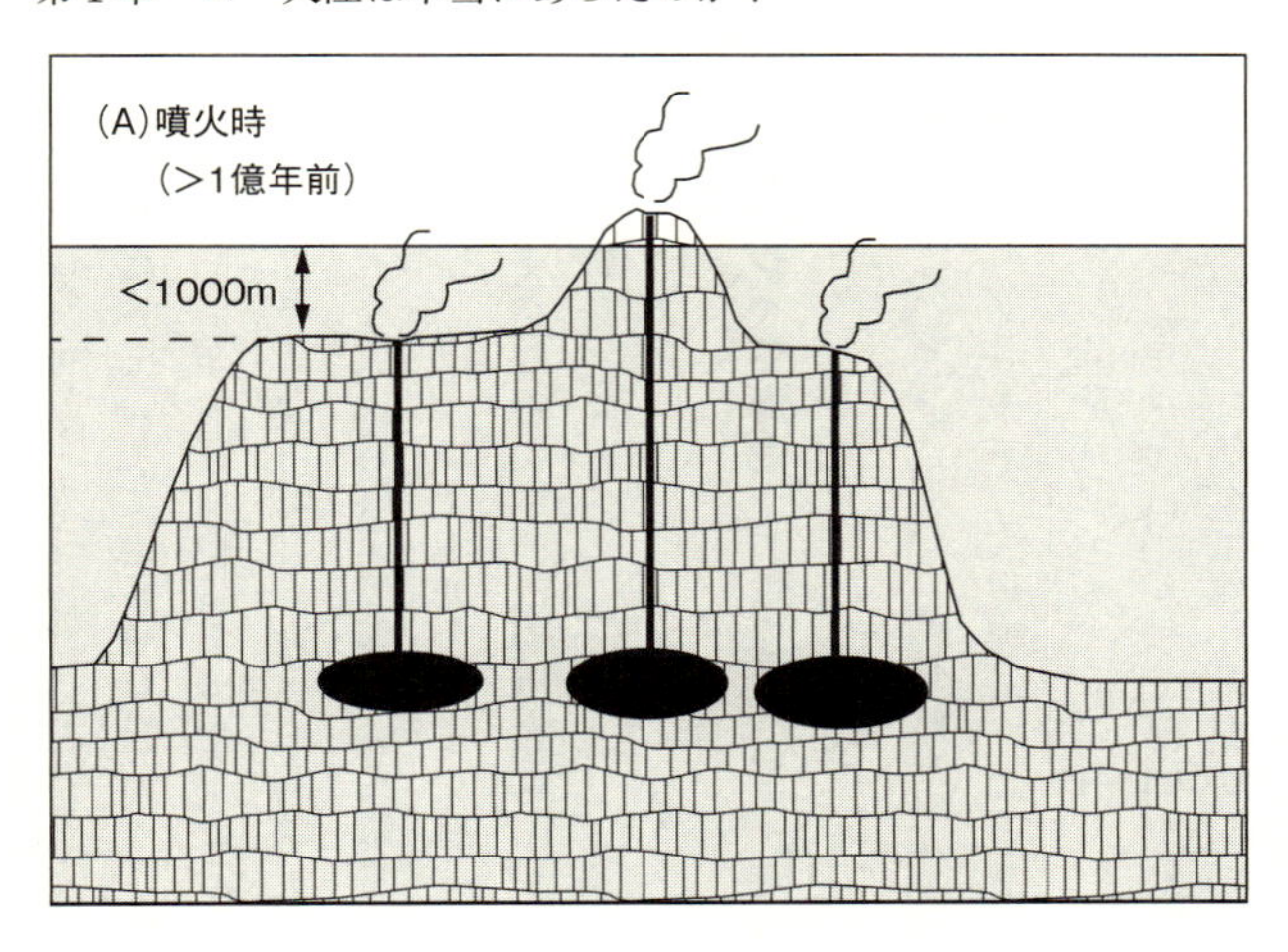

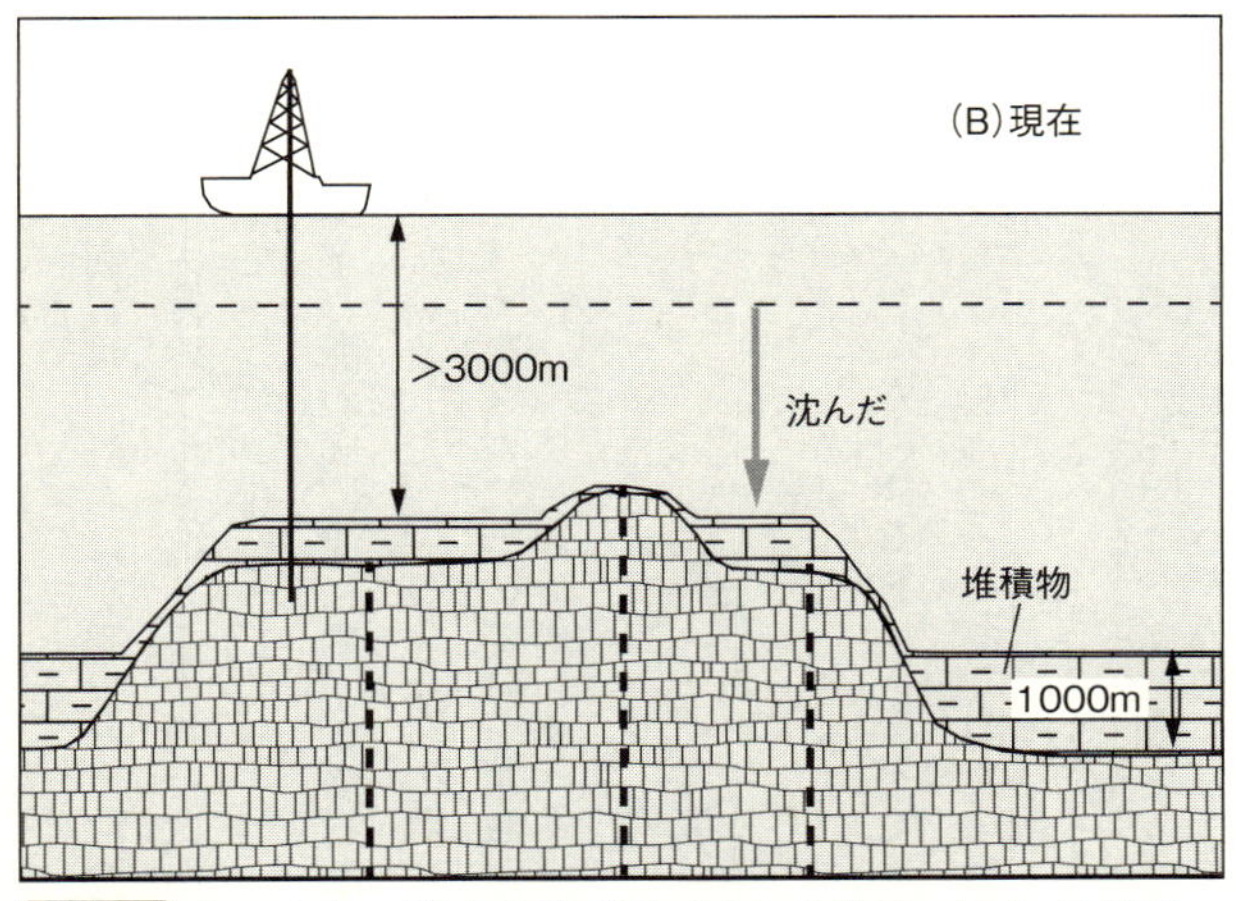

図1-6 シャツキー海台の形成時（A）と現在（B）の様子。巨大海台は１億年以上かけて2000m以上沈んだ。

し、一部は海面から頭を出す火山島へと成長していたのです。

噴火が起きていた1億5000万～1億3000万年前には、のちにシャツキー海台となる大きな島が太平洋の真ん中にあったことになります。ムー大陸のような広大な大地ではありませんが、シャツキー海台は日本列島に匹敵する巨大な火山島だったのかもしれません。

この巨大な火山島は1億年という歳月をかけてゆっくりと海の底に沈んでいきました。噴火後しばらくは、シャツキー海台はまだ熱くて全体が膨張していましたが、長い年月の間に冷えて収縮してしまったのです。この巨大火山が海に沈んでいくメカニズムについては、第5章で詳しく説明します。

オントンジャワ海台――世界最大の巨大海台

世界中で最大の巨大海台が、太平洋の赤道直下に存在する「オントンジャワ海台」です（図1－5）。シャツキー海台と同様に無数の溶岩層が積み重なった火山体であり、世界で最大の火山集合体でもあります。大規模にマグマが噴出してオントンジャワ海台がつくられたのは、約1億2000万年前と考えられています。

オントンジャワ海台がかつて海面から頭を出していたとして、それは大陸とよべる代物だったのでしょうか。この海台の面積はおよそ190万㎢で、日本列島全体の5倍にもなります。しかし、世界最大の島であるグリーンランドは217万㎢もの面積を誇り、それより小さなオントンジャワ海台を大陸とはよべないでしょう。

この巨大海台は地球上で最も大きな火山集合体であることから、1990年代に精力的な調査が行われ始めました。前述のシャツキー海台よりも数多くの調査研究が実施されていますが、解明されていないことがたくさんあります。たとえば、シャツキー海台には複数の火口が見つかっているのに対し、オントンジャワ海台の火口の場所はわかっていません。また、シャツキー海台は主に3つの火山体からつくられていることが判明しましたが、オントンジャワ海台の火山体の数は不明です。さらに、シャツキー海台は陸化していたことがわかりましたが、オントンジャワ海台が陸だった証拠は見つかっていません。

未解明な点が多い理由の一つは、オントンジャワ海台があまりにも広すぎるため、ほんの一部しか調査されていないことがあげられます。ポナペ島のナン・マドール遺跡を紹介する際に少し触れましたが、私は2016年の春にオントンジャワ海台の調査を行いました。今後も、日本の科学者たちが中心となりオントンジャワ海台を調査する計画があるので、新しい発見が期待できます。もしかすると、1億年以上前にオントンジャワ海台の一部が陸化していた証拠が見つかり、巨大な島を形成していたという研究成果の発表があるかもしれません。

太平洋に散在する巨大海台

図1-5（24ページ）を見ると、西太平洋にはシャツキー海台やオントンジャワ海台の他にも巨大海台があることがわかります。「ヘス」「中央太平洋海山群」「ベンハム」「マニヒキ」といった巨大海台を確認してみてください。また、巨大海台よりは規模が小さいものの、火山島（ハワイやイースター島）よりは大きな海台がいくつもあることがわかっています。小笠原諸島の東方沖に存在する「小笠原海台」、赤道直下にある「マゼラン海台」などがそれにあたります。このように、太平洋には沈んだ大陸を想起させる広大な海底台地が散在しているのです。

図1-5の中で最も目につくのが、ニュージーランドを取り囲む南太平洋の4つの巨大海台「ロードハウ」「ノーフォーク」「キャンベル」「チャタム」でしょう。4つの巨大海台を合わせた面積はグリーンランドよりもはるかに大きいため、もしこれらすべてが海面上に頭を出していたら、7つ目の大陸として数えられていたはずです。事実、これら4つの巨大海台とニュージーランドを合わせた地域を「ジーランディア」と名付け、「大部分は海面下に存在するが、地質学的には大陸である」と主張する研究者もいます。その根拠は、ジーランディアをつくる岩石の種類が大陸と同じであり、海洋底とは異なるという事実です。つまり、かつては大陸のように、海の上に大地が広がっていたのかもしれません。これに関しては第3章以降で詳しく解説することに

します。

ニュージーランドの沖合には、もう一つ「ヒクランギ」という巨大海台が存在しますが、これはジーランディアの一部とはみなされていません。この理由も岩石の種類の違いによります。ヒクランギ海台をつくる岩石は周囲の海洋底と同じであり、ジーランディアとは違うことが確かめられているのです。

1980年代、巨大海台に注目したヌル教授らは、巨大海台がすべて同じメカニズムでつくられたと考えていたようです。ところが最近になって、海洋底の地層調査の進展に伴い、巨大海台を大きく2種類に分ける必要が生じてきました。1つは、シャツキー海台やオントンジャワ海台のような超巨大火山であり、これらは玄武岩とよばれる溶岩からつくられています。通常の深海底も基盤は玄武岩からできています。2つ目は、ジーランディアのように花崗岩とよばれる岩石からつくられている巨大海台です。これらの岩石の違いは大陸と海洋底とを区分するために重要なので、第3章で詳しく述べます。

図1-5に示されている巨大海台の多くは玄武岩からなる超巨大火山ですが、ジーランディアは花崗岩からできていると考えられています。このことから、ジーランディアは海の底に沈んでしまった大陸（ムー大陸？）の有力な候補となるのです。

巨大海台を全部合わせると？

西太平洋の海底に散らばっている巨大海台は、かつて陸であったとしても、個々の面積に注目すると島とよぶしかなく、やはり幻のムー大陸に匹敵するとはいえません。世界最大の島であるグリーンランドよりも大きな巨大海台は存在しないのです。しかし、ヌル教授らが提案したように、太平洋の巨大海台が集合してひとつづきの陸を形成していたとしたら話は別です。すべての巨大海台を合わせた面積は約９００万㎢もあり、これはオーストラリア大陸の面積（７６９万㎢）を超えます。

オーストラリア大陸よりも広いと知って驚いた読者がいるかもしれません。ところが、ヌル教授らがかつて南太平洋に存在した大陸の一部と考えたのは、巨大海台だけではありません。彼らの説は、日本や北アメリカをつくる陸地の一部も南太平洋に存在していた大陸の欠片であり、それぞれが北へ移動してユーラシア大陸や北アメリカ大陸と衝突・合体したという、壮大なものなのです。次節では、これら大陸の欠片（と疑われるもの）の分布を見ていきましょう。

１－３　環太平洋地域に分布する大陸の欠片

ランゲリア海台――北アメリカ大陸西海岸の謎の地塊

北アメリカ大陸の西側には長大なロッキー山脈が存在し、北端のアラスカからカナダを通ってアメリカ合衆国まで続いています。このロッキー山脈よりも東側の大地は、「安定地塊（ちかい）」とよばれる非常に古い地層からできています。地球の表層部を覆っている岩石は、元々はドロドロのマグマだったものが固まったものですが、安定地塊をつくる地層は５億年以上前にできた古い岩石です。

一方、ロッキー山脈よりも西側の太平洋沿岸の大地は４億～２億年前の地層からできています。通常、海洋底や大陸をつくる地層は水平に数百キロメートルとか１０００㎞も連続して繋がっています。しかし、北アメリカ大陸西海岸の地層は繋がりが悪く、性質（化学組成）も形成年代も異なる地層が断層を挟んで隣り合っている場所が散見されるのです。繋がりの悪いそれぞれの地層は地塊とよばれています。

図 1-7 ランゲリア地塊の分布図。

いくつも存在する地塊の中で、ヌル教授らは「ランゲリア」とよばれる地塊に注目しました。図1-7にランゲリア地塊の分布を示します。これは玄武岩を主体とした地層であり、カナダのバンクーバー島やアラスカに点在しています。

アラスカの地層を調べたところ、テチス型フズリナとよばれる、熱帯の海に棲んでいた生物の化石が見つかりました。フズリナとは米粒のような形をした石灰質の化石です。そしてフズリナのほかにも、暖かい海で生息していたサンゴの化石も産出しました。なぜ熱帯の地層が北極に近いアラスカで見つかったのでしょうか？　２億年以上前、アラスカの上を赤道が通っていたはずはありません。そこで地質学者らは、ランゲリア地塊はもともと北アメリカ大陸とは別のもので、遠く離れたところから移動してきて北アメリカ大陸に付け加わったものだ、と考えるようになりました。

さらに地質学者らがランゲリア玄武岩の化学成分を調べたところ、太平洋のシャツキー海台やオントンジャワ海台と似ていることがわかってきました。このことから、ランゲリア地塊の地層は北アメリカ大陸で形成されたものではなく、太平洋で形成されたと考えられるようになりました。つまり、シャツキー海台やオントンジャワ海台と同様に太平洋にあった巨大海台が、はるばる太平洋を移動してきて、北アメリカ大陸に付け加わったというわけです。そのようなわけで、最近ではランゲリア地塊をランゲリア海台とよぶ研究者もいます。

ヌル教授らは、ランゲリア地塊、シャツキー海台、オントンジャワ海台は、すべて南太平洋にあった大陸の一部であると考えました。そして、大陸が複数に割れて沈降や移動を経て、太平洋の巨大海台やランゲリア地塊になったのだろう、と提唱したのです。

テレーン――まったく違う地塊が隣り合う

ランゲリアのように巨大海台が大陸にくっついた地塊は、太平洋を取りまく環太平洋地域にたくさん分布しています。アラスカからアメリカ合衆国西海岸にかけての地域、南アメリカのペルーやチリ、ロシアの沿海州、そして日本列島などです。

20世紀後半になって、アラスカやカナダの西海岸の地層が詳しく調査され、大小さまざまな地塊が断層を挟んで隣り合って分布している様子が見えてきました。そして、隣り合った地塊の岩石の種類や生成年代はまったく一致しないことがわかってきたのです。1980年代になると、このような地塊は「テレーン（terrane）」と名づけられ、地質学の新しい用語として定着します。

ここまで、周囲と水平方向に繋がらない地層を地塊とよんできましたが、そもそも地層が繋がらないとはどういうことか、イメージするのが難しい読者もいるかもしれません。そこで、地質学者がふだんどのような研究をしているか、簡単に説明しましょう。

地質学の基本は地質調査です。地質調査は、地層が積み重なっている崖（露頭（ろとう）とよびます）へ行き、それぞれの地層の厚さや特徴をスケッチしたりメモすることから始まります。積み重なった地層の枚数は一ヵ所の露頭で数十枚から100枚以上になることもあります。記録する地層の特徴は、地層の傾きぐあい、岩石の種類（火山灰、砂岩など）、粒の大きさ（泥、砂など）、含まれる化石の種類、色などです。そして少し離れた露頭でも同様のスケッチとメモをとります。2番目に調べた露頭の地層の重なりが最初に調べた露頭とまったく同じということはなく、ある地層が欠けていたり、いくつかの地層の厚さが変化したりしていることがほとんどです。しかし多くの地層の特徴はほぼ同じであり、最初と2番目の露頭で複数の地層を連続的に繋げられるはずです。

ところが、隣どうしなのにすべての地層の特徴がまったく違い、地層を繋げられないこともあります。地質調査の目的はさまざまな露頭の地層を繋げ、それぞれの地層の分布範囲を明らかにすることなので、隣どうしの地層の特徴がまったく違うと困ってしまいます。このようなとき、テレーンという概念があると、問題を解決することができます。繋がらないのは「2つの露頭の間に断層があり、まったく違う時代に別々の場所でつくられた地層どうしが、なんらかの理由で隣り合うことになったから」と考えればよいのです。

テレーンの存在を地質調査の結果に取り入れることは1980年代に流行し、日本列島を研究していた地質学者らも積極的に受け入れました。次項では、日本列島のテレーンに関して説明しましょう。

南部北上帯――日本列島のテレーン

テレーンの多くは1億年以上前の古い時代の地層からつくられています。このような古い地層は日本列島にも存在しますが、日本列島では火山活動が活発なため、大部分は新しい溶岩や火山灰に覆われてしまっています。古い地層が露出している場所は限られているため、地質学者は隠されている部分を推定により補いながら、地層の分布を明らかにしていきます。ところが、日本列島では地震に伴う断層の形成も活発なため、古い地層は地下の目に見えないところで切れたり曲がったりしています。そのようなわけで、日本列島の古い地層の分布を調べて「地質図」を描くのは難しい作業です。時間と労力がかかり、想像力も必要です。

地質図という用語が初めて出てきたので、ここで少し説明します。地質図とは、地下にある地層の種類や時代の違いをもとに大地を色分けした地図です。これは皆さんがよく知っている地図とは違います。社会科の授業で見方を習う地図は正式名を「地形図」といい、平野を緑、台地を黄土色、山脈を茶色で表現します。これに対し、地質図は、泥岩層を水色、砂岩層を黄色、花崗岩層を赤色、というように色分けします。そして、同じ砂岩層でも、その形成年代によって少し違う色で塗り分けて区別します。そのようなわけで、地質図は地形図よりもずっとカラフルです。

図1-8を見てください。これが日本列島の古い地層を塗り分けた地質図です。本来、地質図はカラーで描くのですが、ここでは模様の違いで地層の違いを表現しています。日本列島の地質図の特徴は、関東から西日本にかけて地層が帯状に分布していることです。日本列島の伸びている方向に平行な細長い地層がいくつもあることが確認できるはずです。このように、西日本の地層の多くは帯状に分布するため、「地質帯」とよばれています。一方、東北地方の地層は帯状に

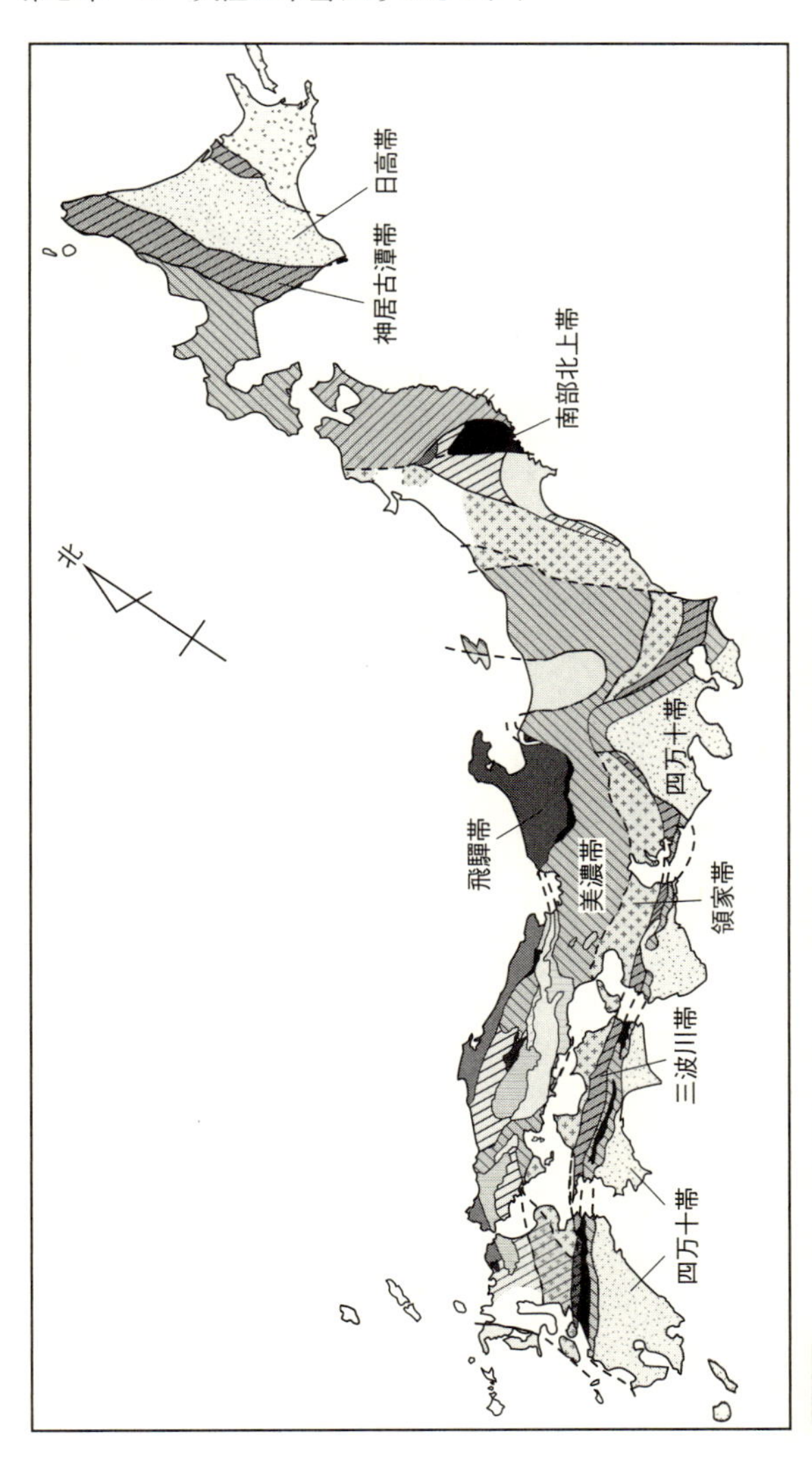

図1-8　日本列島の地質図（2010年に磯崎らが公表した図を簡略化）。

は分布していません。

　国立科学博物館の斎藤靖二博士と橋本光男博士は、１９６０年代から１９８０年代にかけて日本列島の古い地層を精力的に調べました。彼らの地道な地質調査によって１９８０年代までに得られた成果の一つは、東北地方の古い地層の多くの特徴や年代が西日本の地質帯と似ていたことです。このことから、これらの地層は西日本の地質帯の延長と考えられます。ところが、斎藤博士らは、東北地方には西日本とはまったく違う地層もあることに気がつきました。彼らが注目したのは、「南部北上帯」と名付けられた岩手県から宮城県にかけて広がる地層です（図１－８）。斎藤博士らは、南部北上帯が周囲の地質帯と断層で隔てられたテレーンだと考えました。その理由は次の通りです。

　日本の古い地層は約４億～１億年前につくられたものですが、西日本の地質帯には、約３億６０００万～３億３０００万年前の３０００万年間につくられた地層がありません。一方、南部北上帯には、この３０００万年間につくられた地層が存在します。その代わりに約３億３０００万～３億年前の地層が南部北上帯には存在せず、西日本では確認できます。このように、南部北上帯の一部は日本の他の地域と形成年代が違っているのです。

　さらに、南部北上帯の約４億～２億５０００万年前の地層に含まれるサンゴや植物の化石を調べたところ、興味深い発見がありました。約４億年前の地層からは東オーストラリアで見つかる化石と同じものが産出し、約２億５０００万年前の地層にはアジア特有の化石が入っていたのです。つまり、最も古い地層は南半球でつくられたのに対し、新しい地層は北半球でつくられたことになります。

斎藤博士らは、これらの事実を説明するため、南部北上帯は、元々は南半球にあった大陸の一部であり、それが北上してきて日本列島に衝突・合体したと考えました。これはヌル教授らが主張したランゲリア地塊の成因と同じです。南部北上帯とランゲリア地塊、これら２つのテレーンに関連性はあるのでしょうか。

テレーンは大陸の欠片か？

ヌル教授らは、南部北上帯もランゲリア地塊も南太平洋にあった失われた大陸の一部と考えました。失われた大陸をつくっていた欠片はこれだけではありません。１９８０年代までの地質調査によりテレーンと判定された地域は、北アメリカにも南アメリカにもたくさんあります。さらにロシアや中国の太平洋側、そして朝鮮半島にもテレーンが点在する、という報告もなされました。テレーンを研究していた地質学者の多くは、太平洋を取り巻くように存在するテレーンが、かつては南半球で１つの大陸を形成していたと主張しました。さらに、太平洋に分布する巨大海台も、現在は失われた大陸の一部だったと考えたのです。

この失われた大陸は、伝説のムー大陸を指しているのでしょうか。大きな大陸が割れて分散するとか、大陸の欠片が太平洋を北上したとか、北半球の大陸に衝突したといった説明は、空想の世界の話に聞こえるかもしれません。しかしこれらはすべて地質学的に根拠のある話なのです。

地球の表層を覆う大陸や海洋底は1年間に数センチメートル（速いところでは10㎝以上）という速度で動いているため、1億年もかければ、大陸の欠片が1万㎞程度を移動することは可能です。大陸や海洋底が移動する現象はプレートテクトニクスとよばれ、地球科学により実証されています。しかし、この現象に馴染みのない読者もいるかもしれません。そこで次章では、まずプレートテクトニクスについて簡単に説明し、その後で南太平洋の失われた大陸の存在について検証していきます。

第2章

南太平洋の失われた大陸

20世紀後半、「大陸や海洋底は水平移動している」とするプレートテクトニクスが提唱された。そして、「かつて南太平洋にあった大陸がバラバラに割れ、プレートテクトニクスに従って水平移動して分散した欠片が巨大海台である」という提案もなされた。この失われた大陸は「パシフィカ」とよばれ、多くの地質学者の興味を引いた。パシフィカは本当に存在したのだろうか？　プレートテクトニクスにもとづいて検証していこう。

2-1 プレートテクトニクス——地球の変動を説明するモデル

地球を覆うプレート

かつて太平洋に存在した大陸が複数に割れて散らばったり、海の底へ沈んだりすることは、空想話ではなく、十分にあり得る話です。大地は地表に固定されているように思えますが、実はそうではありません。長い年月をかけて少しずつ地球の表面を移動しているのです。この現象は「プレートテクトニクス」という理論によって説明されています。プレートテクトニクスとは、地球の表面が10枚以上の「プレート」とよばれる岩の板ですき間なく覆われており、プレートはゆっくりと水平方向に移動している、というモデルです。しかし、この説明だけで、大陸が分裂したり海底に沈んだりすることに納得できる読者は少ないでしょう。

そこで本章では、まずプレートテクトニクスについてもう少し詳しく説明し、次に大陸移動や太平洋をつくるプレートの歴史を解説します。そして最後に、南太平洋に存在したかもしれない失われた大陸について考えてみましょう。

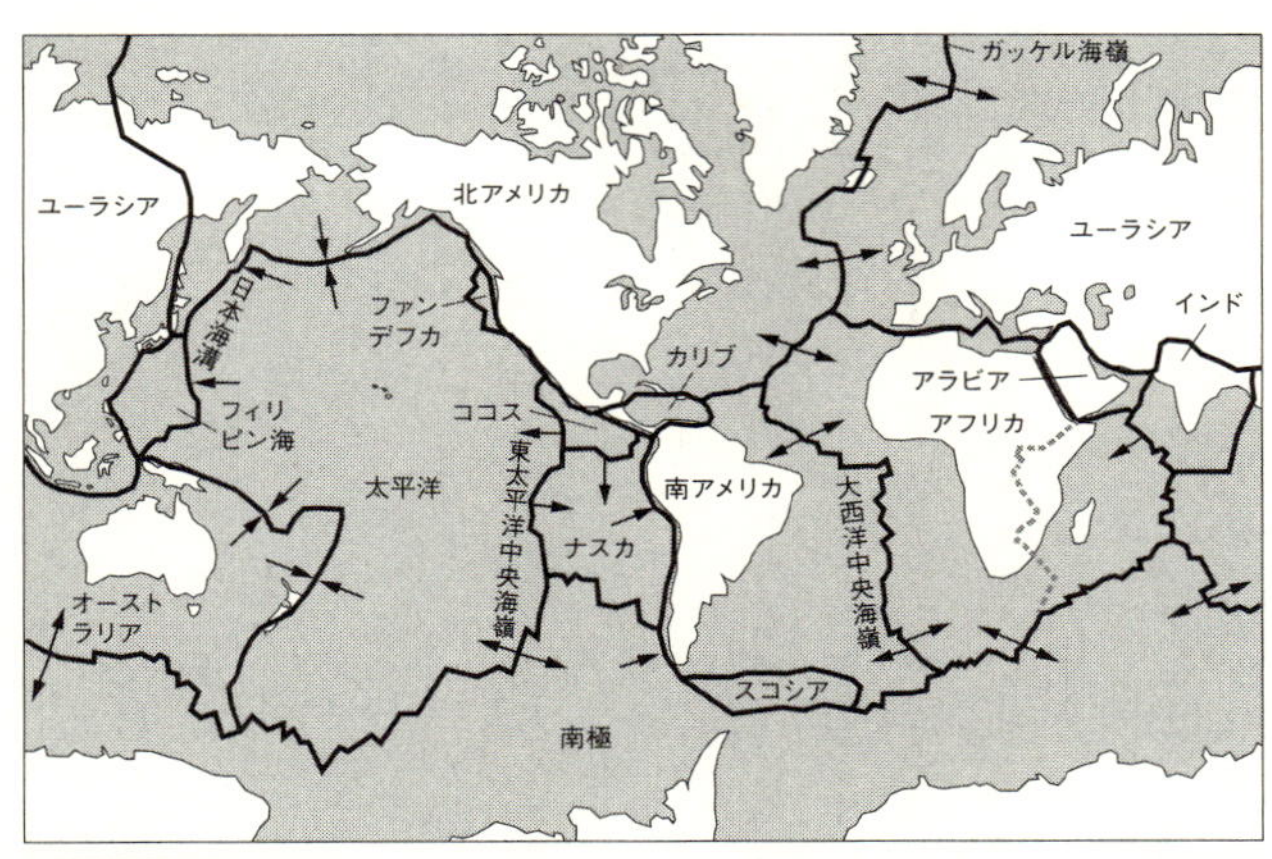

図 2-1 地球表層を覆うプレートの分布図（アメリカ地質調査所の公表図に加筆）。矢印は各プレートの移動方向。

図２－１を見てください。これは地球の表面を覆うプレートの分布を描いた世界地図です。太平洋プレート、フィリピン海プレートなどがあることを確認してください。プレートの区分が、小中学校の社会科の授業で教わる６つの大陸と３つの大洋の区分と違うことに気づいたはずです。地理では、地球表面が水で覆われているかどうかの違いで地表を陸と海に分けます。これに対し、地学では、プレート（＝岩板）の違いをもとに地球表層を分けます。プレートの間には割れ目があり、この割れ目に沿ってプレートがお互いに横にずれて移動したり、両サイドへ分かれていったりしています。

プレートの数

図２－１を見てプレートを数えてみましょう。

全部で15枚のプレートが確認できるはずです。しかし、これはプレート区分の一例にすぎません。もっと多くのプレートに分ける場合もありますし、逆に図2-1で2つに分かれているプレートを1枚とすることもあります。たとえば、アフリカ大陸東部には「大地溝帯」とよばれる割れ目が存在します。この割れ目をプレート境界とみなし、アフリカの大地は西のアフリカプレートと東のソマリアプレートに分かれる、と考えている研究者がいます。この考えに従うと、図2-1の点線のようなプレート境界が描けます。これとは逆に、オーストラリアプレートとインドプレートの間には明瞭な境界がないため、2つのプレートとはせずに、インド−オーストラリアプレートという広大な1つのプレートを描く研究者もいます。つまり、地球上のプレートの分布図は未完成なのです。

陸と海の分布と違ってプレートの分布図がまだ曖昧な理由は、地表の観察だけではプレート境界を特定できない場所があるからです。そもそもプレート境界の大部分は海底に存在するため、人が目で見て確認することはできません。

プレート境界の決め手は、(1)中央海嶺や海溝などの地形、(2)プレート境界で起きる地震の分布、(3)隣り合うプレートの相対運動の検出、などです。

中央海嶺とは、海底に連なる長大な山脈です。これは、隣り合うプレートが互いに遠ざかっている境界であり、拡大軸とよばれることもあります。図2-1に示されている東太平洋中央海嶺

（海膨とよばれることもある）や大西洋中央海嶺が代表例です。

海溝とは、隣り合うプレートが押し合っている境界です。ここでは、片方のプレートがもう片方のプレートの下にもぐり込んでおり、沈み込み帯ともよばれます。沈み込むプレートが上のプレートを下へ引っ張り込むため、この境界は深い溝となっています。日本列島は典型的な沈み込み帯であり、日本海溝は太平洋プレートと北アメリカプレートの境界として知られています。沈み込み帯ではときどき、隣どうしのプレートが押し合う力に耐えられなくなり、プレートの一部が割れて地震が発生します。そのような地震はプレート境界に沿って起こるため、地震の分布を調べれば、プレート境界を間接的に知ることができるのです。

プレート境界を確実に知る方法は、ゆっくりとしたプレートの相対運動を観測することです。「相対運動」というのは、接し合うプレートが互いに離れたり近づいたりすれ違ったりする動きです。最近はＧＮＳＳ（全地球型測位システム）などの観測手法が発達したため、１cm程度の大地の動きを正確にとらえられるようになりました。ＧＮＳＳとは高性能のカーナビのようなもので、地球上空を飛ぶ複数の人工衛星の電波を受信することで自分の位置を確認できるシステムです。

東北日本の大部分は北アメリカプレートに属していますが、太平洋プレートは東北日本に対して１年間に10cm程度の速さで近づき、沈み込んでいます。この２つのプレートの相対運動ははっきりと検出可能です。ところが、２つのプレートの相対運動が遅いと、ＧＮＳＳでの検出は困難になります。相対運動が遅いプレート境界では、中央海嶺や海溝などの明瞭な地形が見られないこともあり、地震もほとんど発生しません。そのため、プレート境界がどこにあるのかよくわからないのが現実です。そもそもプレート境界がない可能性もあるのです。

日本付近のプレート

図２－１を見るとわかる通り、日本列島周辺には太平洋、フィリピン海、北アメリカ、ユーラシアという４枚のプレートの境界が集中しています。実は、これらの境界も完全に定まっているわけではありません。

太平洋プレートとフィリピン海プレートの境界、太平洋プレートと北アメリカプレートの境界、フィリピン海プレートとユーラシアプレートの境界は明瞭です。いずれの境界においても、東側のプレートが西側のプレートの下にもぐり込んでいることが知られています。ところが、北アメリカプレートとユーラシアプレートの境界はよくわかっていないのが現状です。このプレート境界の陸部分は、「フォッサマグナ」とよばれる大地の割れ目をつくっているので明らかです。しかし、その先のプレート境界が日本海のどこを通っているかを決定できていません。プレート境界を示す地形はなく、地震もあまり起きていないからです。

図2－1では、北アメリカプレートとユーラシアプレートの境界はユーラシア大陸を通って、さらに北極海に延びています。グリーンランドとスカンジナビア半島を分ける北極海のプレート境界はガッケル海嶺とよばれる中央海嶺であり、2つのプレートは互いに遠ざかっていると考えられています。ところが、ガッケル海嶺は世界で最も拡大速度の遅い中央海嶺として知られており、プレートの動きはほとんど検出できません。ガッケル海嶺の延長である日本海のプレート境界についても、その相対運動を知ることは困難です。

マイクロプレート

プレートを数えるうえで最も困るのがマイクロプレートの存在です。マイクロプレートとは、太平洋プレートなどの広大なプレートの縁部分に存在すると考えられる、小さなプレートです。たとえば、第1章で紹介したイースター島の近くにマイクロプレートを描く研究者は数多くいます。イースター島の西側にある太平洋プレートと東側のナスカプレートの境界部分には、周囲を海嶺や断層に囲まれた地域があり、ここはイースターマイクロプレートとよばれています。

私としては、このようなマイクロプレートを太平洋プレートと同じように、1枚のプレートとして数えるのには抵抗があります。ユーラシア大陸と日本の島々を同じ大陸とみなすようなものだからです。その一方で、マイクロプレートも立派な1枚のプレートとみなし、地球上には30枚以上のプレートが存在すると主張する研究者もいます。
このように、地球を覆うプレートの分布や数に関しては未確定の部分もあります。とはいえ、プレートというものが存在し、それぞれが相対的にゆっくりと動いていることは、現代の地学では事実として信じられています。

地殻とプレート

私は東京・上野の博物館に勤めており、週末になると、来館者に対して展示の解説を兼ねた地学の話をしています。プレートテクトニクスの話をすると、聴衆から「プレートとは地殻のことを指しているのか?」という質問を受けることが少なくありません。ここで、この2つの違いを説明します。

地球内部はおおまかに3層構造(外側から地殻、マントル、核)になっていて、これは卵の殻、白身、黄身にたとえられることがあります。地殻は卵の殻のように薄い、地球表面を覆う岩石の層です。すると、地殻とこれまでに解説してきたプレートとの違いがわかりにくいですが、この2つは別物です。プレートとは、地殻とその下のマントルの固い部分とを合わせた層を指します。

地殻とプレートの違いを表したのが図2-2です。地質学者が地殻とマントルを分けている理

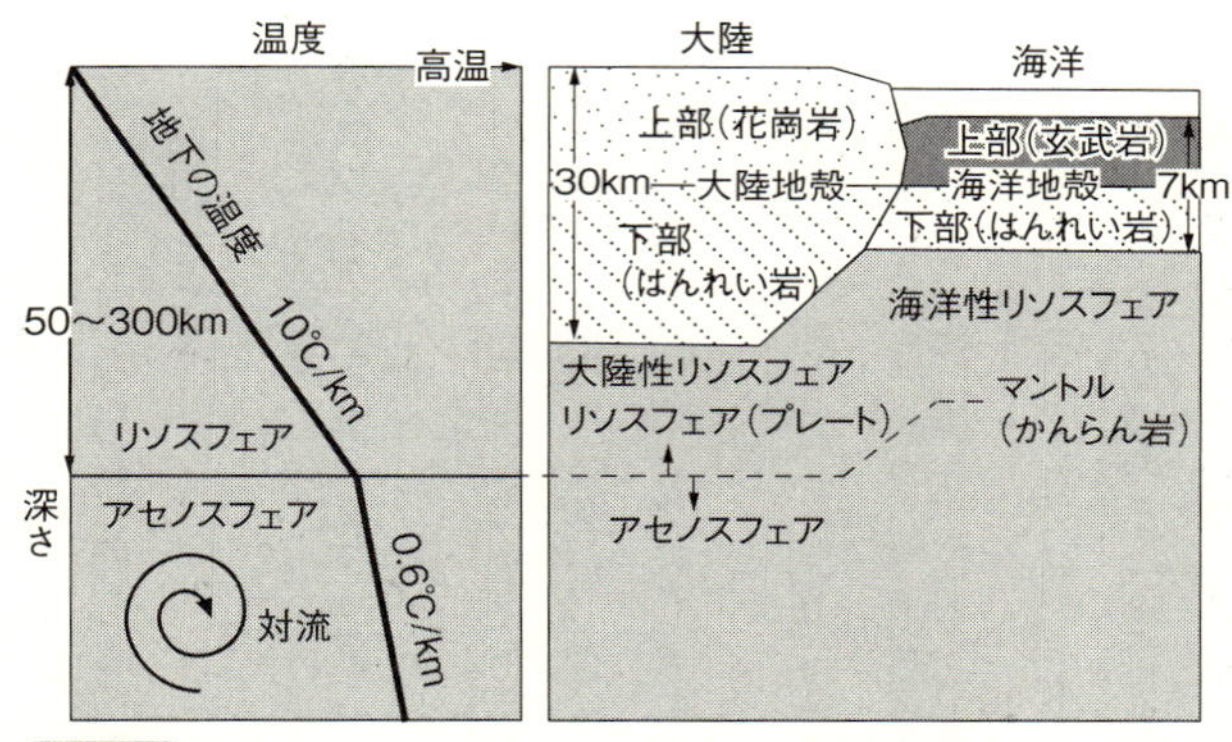

図 2-2 地下深部の断面図。左図は地下の温度勾配。地殻とプレートの違いを示した。

由は、岩石の種類が違うからです。マントルはおもに「かんらん岩」という岩石からできていますが、地殻は違う岩石からつくられています。地殻をつくる岩石の種類は大陸と海洋とで違うため、地殻は大陸地殻と海洋地殻の２種類に分けられます。大陸地殻の上部は「花崗岩」、海洋地殻の上部は「玄武岩」であり、下部は大陸地殻も海洋地殻もともに「はんれい岩」からできています。これら岩石の違いに関しては第3章で詳しく解説します。大陸地殻と海洋地殻は厚さも違います。海洋地殻の厚さは７km程度で一定ですが、大陸地殻は30kmを超えます。

プレートとその下のマントルを分ける理由は、各層を構成する岩石の種類が違うからではありません。固さが違うからです。プレート部分は「リソスフェア」とよばれるカチコチの岩石であり、地殻とその直下にあるマントルの固い部分からなります。一方、その下は「アセノスフェア」とよばれる少しやわらかい岩石からできています。「プレート」と「リソスフェア」という用語は同じものを指すことが多いですが、厳密には違うので、これについては次に説明します。

リソスフェアとアセノスフェア

リソスフェアとアセノスフェアの違いは地下の温度勾配（深さ1㎞あたりの温度変化の大きさ）の違いとして表れます。リソスフェアとアセノスフェアの温度勾配の違いをみる前に、地球内部は深いところほど熱い、という基本的な知識をおさえておきましょう。これは、地球形成時に溜まった熱と、岩石中に含まれる放射性物質の出す熱が地球深部にあるからです。図2-2の左に、リソスフェアとアセノスフェア上部の温度勾配を示しました。この図のとおり、リソスフェア内では1㎞深くなると10℃も熱くなるので、たとえば地下50㎞は地表よりも500℃も高温になっています。一方、アセノスフェア内では1㎞深くなっても温度は約0.6℃しか上昇しません。

アセノスフェアで温度勾配が小さい理由は、この層がやわらかくて対流しやすいことにあります。深さによる温度の差は物質の重さ（密度）の差を生むので、浅い領域にある低温の重い物質が沈み、深い領域の高温で軽い物質が浮き上がります。やわらかくて対流しやすいために物質の移動が起こり、下（深部）から上（浅部）へ効率よく熱が運ばれ、温度差が小さくなるのです。これに対して、リソスフェア物質は固くて変形できないため、物質の移動は起こらず、熱を効率良く運ぶことができません。したがって、リソスフェアでは熱は伝導という効率の悪い形態でしか運ばれず、結果として上下で大きな温度差が生じてしまいます。

地殻と同じように、リソスフェアのマントル部分も大陸の下と海洋底の下で性質が違うようです。地下深部のことなので詳しい性質の違いはわかっていませんが、海洋底の下は海洋性リソスフェア、大陸の下は大陸性リソスフェアとよばれ、区別されています。海洋性リソスフェアの厚さは50～１２０㎞であるのに対し、大陸性リソスフェアは厚いところで３００㎞にも達します。

リソスフェアという概念はわかりやすく、単純に大陸の下が大陸性、海洋底の下が海洋性リソスフェアと区別されます。一方、プレートという用語を使うときには少し注意が必要です。

プレートには海洋プレートと大陸プレートがあります。太平洋プレートやフィリピン海プレートのように海洋底をつくるのが海洋プレートであり、これは海洋性リソスフェアに一致します。一方で、大陸プレートは複雑です。大陸地殻を含むものが大陸プレートなのですが、図２－１（45ページ）の南アメリカプレートを見るとわかるように、このプレートは南アメリカ大陸だけでなく大西洋の一部も含みます。このため、大陸プレートは大陸性リソスフェアと海洋性リソスフェアの両方からなっているのです。これが「プレート」と「リソスフェア」という用語が厳密には違うものを指す理由です。しかしこのような厳密な違いは、本書の中では重要でないため、以下ではプレートという用語を使って説明をしていきます。

海洋プレートをつくる中央海嶺

プレートの構造や性質を理解するためには、まずプレートのでき方を知る必要があります。そこで、中央海嶺でのプレート形成について説明します。中央海嶺はプレートの境目であるとともに、海洋プレートが形成される場所でもあるのです。

図2－3に、中央海嶺の下で海洋プレートがつくられている様子を描きました。中央海嶺では隣どうしのプレートが左右に分かれて離れていくので、そこを埋めるように下からアセノスフェアが上昇してきます。アセノスフェアは粘土や熱いお餅のように変形できるので、そのような移動が可能なのです。

地下深部にあった高温のアセノスフェアが浅いところまで上がってくると、一部が融けてマグマになります。一部が融けるという点が重要で、アセノスフェアをつくるかんらん岩は、ある一定の温度でいっきにすべて融けるわけではありません。これは、岩石が水のような純粋な物質ではなく、さまざまな成分からできているためです。一部の成分が融け始める温度とすべてが融けきってしまう温度との間に、数百℃の温度差があるのです。このように一部が融けることを「部

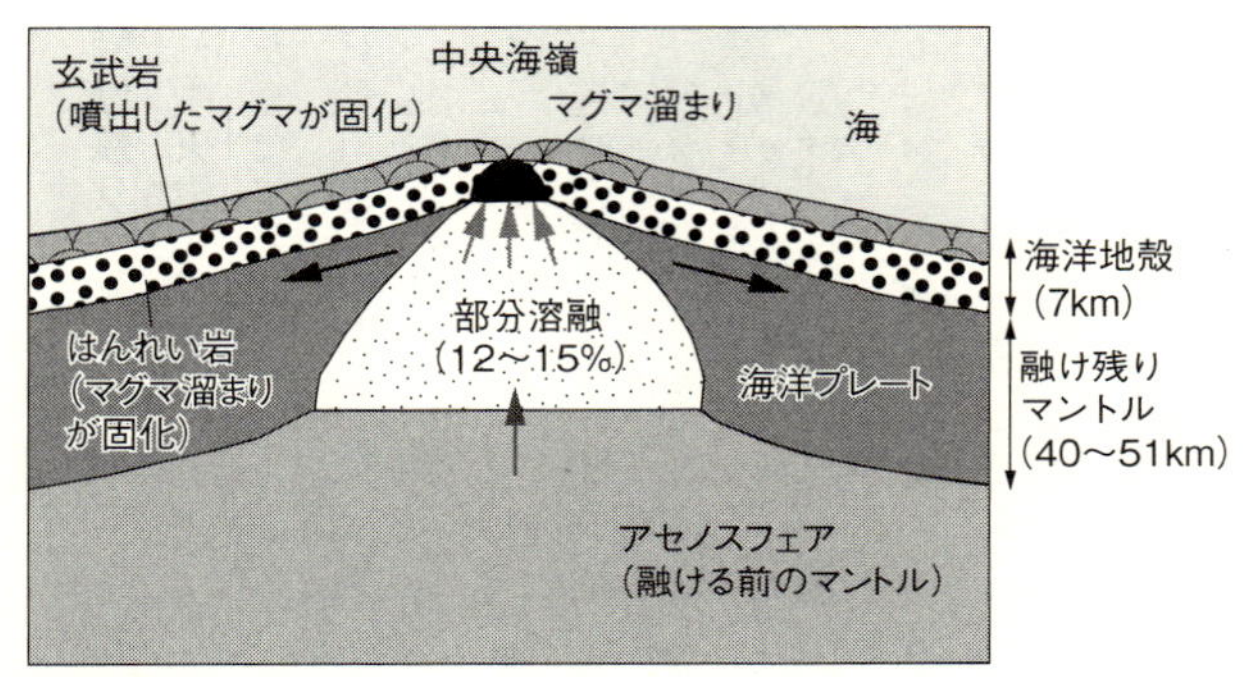

図2-3 中央海嶺の下で海洋プレートがつくられている様子。

分溶融」といいます。また、部分溶融してできたマグマが融ける前の岩石全体に占める割合を、「部分溶融度」といいます。中央海嶺でマグマができるときの部分溶融度は約12〜15%と見積もられています。つまり、上昇したアセノスフェアの12〜15%がマグマになるということです。

マグマは融け残った部分よりも軽いため、周囲よりも早く上昇して地表近くに集まり、マグマ溜まりをつくります。このマグマ溜まりからさらに上昇した一部のマグマが海底へ噴出します。噴出したマグマが海水によって冷やされて固まると、玄武岩となります。この玄武岩が海洋地殻の上部をつくるのです。

マグマ溜まりにあったマグマの多くは噴出することなく、水平方向に移動する間にゆっくりと冷えて固まり、はんれい岩になります。これが海洋地殻の下部に相当します。上部の玄武岩と下部のはんれい岩とを合わせたものが海洋地殻であり、その厚さはどこでも7km程度です。

融け残りマントル

中央海嶺の下でアセノスフェアが部分溶融し、マグマが上に抜けてしまうと、あとには融けなかったマントルが残ります。この融け残りマントルがプレートになります（ただし正確には、融け残りマントルと海洋地殻とを合わせた部分が海洋プレートです）。

融ける前のマントル（アセノスフェア）も融け残りマントル（プレート）も岩石名は同じ「かんらん岩」ですが、12～15％融けた分だけ化学成分が変化します。マグマとマントルの化学組成が違うため、マグマ成分が取り去られた融け残りマントルともとのマントルとでは、成分が違ってくるのです。具体的には、融け残りマントルは融ける前にくらべてアルミニウムやカルシウム成分が減って、マグネシウム成分が多くなります。

なお、アセノスフェアとプレートの違いである固さを決める重要な成分が、水だと考えられています。マントルのような地下深部では、水が少しでもあると岩石がやわらかくなります。アセノスフェアには、ほんの少し（約０・０２％）の水が含まれているため、粘土やお餅のように変形できるのです。これに対し、プレートには水がまったく含まれません。部分溶融のときにすべての水がマグマに取り込まれ、マグマと一緒に抜けてしまうからです。海洋プレートがカチンコチンなのは、岩石が水を含まないからです。

融け残りマントルの厚さは何kmあるのでしょうか？　これは、地殻の厚さ（7km）と部分溶融の割合（12〜15％）を使えば、次のような計算により求められます。

地殻の厚さ（7km）：融け残りマントルの厚さ＝部分溶融度（12〜15％）：融け残りの割合（100−12〜15＝85〜88％）

融け残りマントルの厚さ＝7×(85〜88)／(12〜15)≈40〜51km

中央海嶺でつくられるプレートの厚さは、融け残りマントルと地殻の厚さを合わせたものなので、47〜58kmとなります。地質学の世界では、あまり細かい数字は気にしないので、約50kmと考えています。

海底でのプレートの成長

中央海嶺でつくられたプレートは、ゆっくりと水平移動して中央海嶺から離れていきます。中央海嶺から離れていくあいだに、プレートは熱いマグマから離れるとともに、上にある海水によって冷やされていきます。

冷やされるのはプレートだけではありません。プレートのすぐ下にあるアセノスフェアも熱を

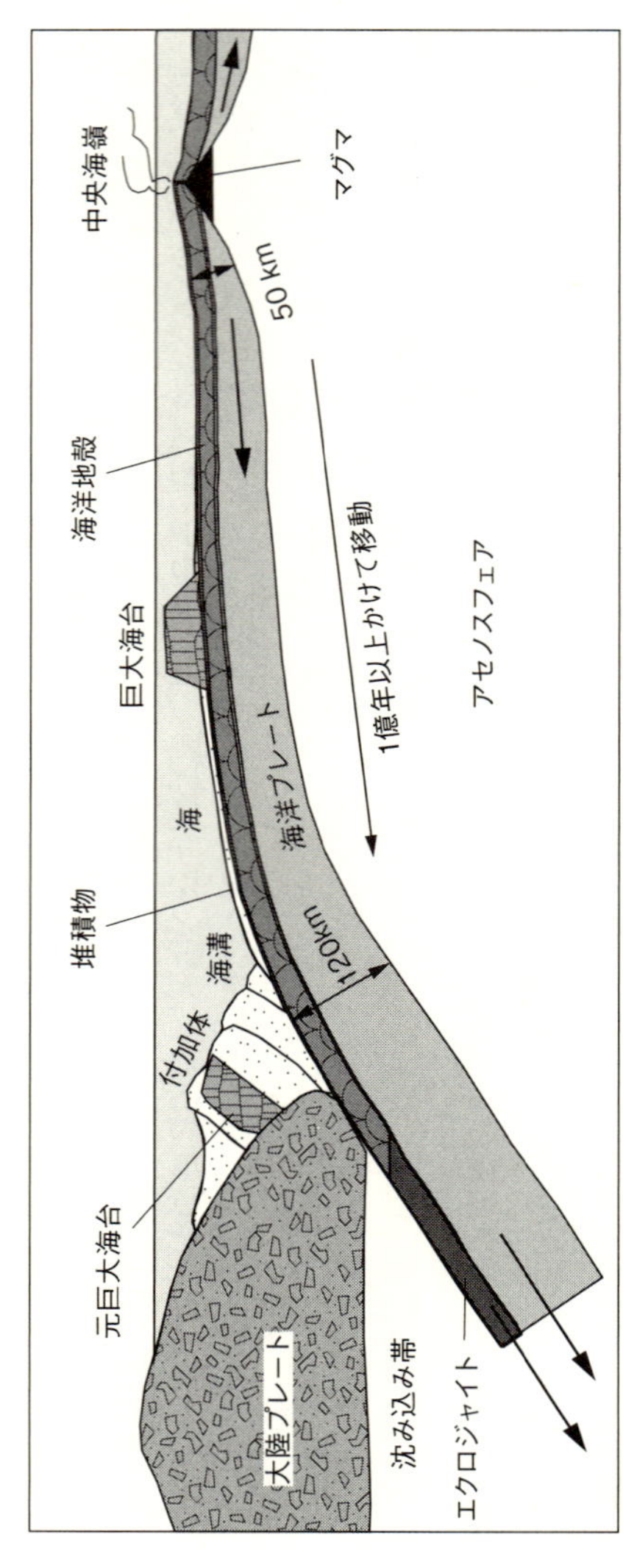

図2-4 プレートの成長と沈み込み帯での付加の様子。

奪われて冷えて縮まり、カチンコチンになっていきます。カチンコチンになるということは、プレートになるということです。つまりプレートが中央海嶺から離れるにつれ、少しずつ厚く成長していくのです。中央海嶺では海洋地殻と融け残りマントルの形成がプレートをつくるのですが、中央海嶺から離れると、アセノスフェア最上部の冷却がプレートを成長させます。

プレートの移動速度は1年に10㎝以下とゆっくりですが、1億年も経てば1万㎞も移動することになります。その間に、元々は50㎞程度の厚さだったプレートが100㎞を超える厚さに成長します。この様子を図2-4に描きました。たとえば日本の沖合にある太平洋プレートは、このようにして分厚く成長したプレートなのです。

海洋プレートの成長は厚さを増すだけではありません。冷えて縮まるために重くなり（密度が高くなり）、下に沈んでいきます。中央海嶺で形成されたとき、プレートはアセノスフェアにプカプカ浮いていたのに、密度が高くなったため、アセノスフェアを下に押し下げるのです。このため、中央海嶺での海洋底（プレート表面）の水深は2500m程度であるのに対し、1億年も経つと5000mを超える深海となるのです。

プレート運動の原動力

「プレートがゆっくりと水平方向に移動する」と聞いて、その原動力は何だろう、と疑問に思った読者がいるはずです。プレートテクトニクスの原動力は複数ありますが、大きいのは、（1）海溝から沈み込む（厚く重くなっている）プレートが下へ引っ張る力と、（2）浅い中央海嶺から深い深海底までプレートがすべり落ちようとする力、の2つだと考えられています。

（1）は重いものが下へ沈むという理屈ですが、その前提として、プレートとアセノスフェアの重さ（密度）の違いを知る必要があります。アセノスフェアをつくるかんらん岩の密度は約3・3g／㎤です。水の密度が1・0g／㎤なので、かんらん岩は水の3・3倍重いことになります。これに対し、海洋地殻である玄武岩やはんれい岩の密度は約2・8g／㎤、融け残りマントルの密度は約3・2g／㎤です。ともにアセノスフェアよりも軽いため、海洋プレートはアセノスフェアに浮いています。

ところが、海水によって長い時間冷やされると海洋プレートは収縮し、やがて密度が3・3g／㎤を超えます。そして大陸プレートとぶつかると、その下へもぐり込んでいきます。大陸プレートの上部は密度が2・7g／㎤の花崗岩からできており、海洋プレートのほうが重いからです。

海洋プレートの沈み込みは海洋地殻の密度を高めるという現象も引き起こします。海洋地殻をつくる玄武岩やはんれい岩は、深さ45〜60㎞まで沈むと「エクロジャイト」という高密度の岩石に変化するのです（図2－4）。エクロジャイトの密度は約3・4g／㎤もあるため、重くなった海洋プレートと一緒に地下深くへ落ち込み、繋がっている海洋地殻を下へ引っ張り込むのです。

（2）の原動力は感覚的に理解できるはずです。高い所にある物がすべり台をすべるように斜め下へ落ちていく現象です。下に落ちるだけでなく、横にもすべり動くのです。

このように、海溝から沈み込む力と中央海嶺からすべり落ちようとする力により、海洋プレートは水平方向に移動し、流動性のあるアセノスフェアを突き動かしているのです。

付加体の形成

海洋プレートが大陸プレートの下にもぐり込む現象は、単純ではありません。海洋プレートが重いからといって、すんなりと沈み込めるわけではないのです。海洋プレートが大陸プレートの下にもぐり込む際、上層の部分が海溝で引っかかってしまいます。この部分は、長い年月の間に海底に積もった堆積物です。堆積物と一緒に海洋地殻の最上部が引っかかってしまうこともあります。

堆積層や地殻上部が引っかかって動かなくても、海洋プレートは重いので、大陸プレート下へのもぐり込みをやめません（図２－４）。すると、堆積物は海洋プレートから引きはがされて、大陸プレートへ横付けされます。このように、海洋プレートの上部が大陸プレートへ付け加わってできた構造を「付加体」とよびます。

さて、巨大海台が沈み込み帯までやってくると、何が起きるでしょうか？　図２－４で明らかな通り、巨大海台は堆積層より上に飛び出ています。したがって沈み込み帯では、巨大海台の頭部が海溝部分で引っかかってしまい、下へ沈み込めません。そのため、巨大海台は堆積物と同様に大陸へ横付けされ、付加体となります。前章で紹介したランゲリア地塊も南部北上帯も、このようにして巨大海台が大陸へ付加してできたテレーンである、と考えられました。

なお、巨大海台が海洋プレートに強くへばりついていると、海洋プレートの沈み込みが止まってしまうこともあるようです。このようなことが起きると、ほかの多くのプレートの動きが変わってしまいます。実際、長い地球の歴史において、世界中のプレートの動きがガラリと変わってしまった時期が何回もありました。巨大海台の大陸への付加は、プレートの動きが変化する原因の一つと考えられています。

2-2 超大陸と太平洋プレート

世界最大のプレート

図2-1（45ページ）に描かれている15枚のプレートの広さはさまざまです。フィリピン海プレートや北アメリカ沖のファンデフカプレートは比較的狭いですが、少し前に紹介したマイクロプレートにくらべれば十分広いため、これらのプレートの存在を無視する地質学者はいません。

一方で、太平洋プレートや北アメリカプレートは桁違いに広いことがわかります。

　さて、世界最大のプレートはどれでしょうか。図2－1では、北アメリカプレート、ユーラシアプレート、南極プレートのどれかが最大であるように見えます。しかし、この図はメルカトル図法によるものなので、北極や南極に近い地域は実際よりもかなり大きく描かれています。実際の最大のプレートは太平洋プレートであり、面積は1億㎢を超えます。これは太平洋の面積の3分の2ほどを占めることになります。そして2位はユーラシアプレート（約7600万㎢）、3位は北アメリカプレート（約6800万㎢）と続き、アフリカプレートと南極プレートがともに約6100万㎢で4位と5位です。ただし、ここで示したアフリカプレートの面積は、アフリカが大地溝帯で2つのプレートに分かれていないと仮定した場合の値です。もしアフリカプレートが2枚に分かれているとすれば、4位に南極プレートが入ります。

　いずれにせよ、太平洋プレートの面積は2位のプレートとくらべても、頭一つ飛び出ています。ところが、この太平洋プレートは2億年より前には地球上に存在しませんでした。これを知って驚いた読者がいるかもしれません。もしかつて太平洋に大陸があったのだとしたら、それは太平洋プレート上に存在していたはずです。したがって、太平洋プレートの誕生と成長を知っておくことは重要です。そこでここからは、プレートの歴史を復元する方法と、それにより明らかになった太平洋プレートの歴史について説明しましょう。

熱残留磁化——火山岩に記された地球変動の歴史

太平洋プレートの誕生や拡大といった、過去のプレートの動きを知るうえで最も役に立つのが熱残留磁化のデータです。このデータの利用方法を知らないとプレート運動が理解できないでしょう。そこで熱残留磁化について少し説明します。

熱残留磁化とは、マグマが冷え固まってできる火山岩が持つ磁力です。微弱ではありますが、火山岩も磁石と同じように磁力を持っています。天然の磁石である磁鉄鉱という鉱物が含まれているからです。

磁石（コンパス）が方位を示す道具として我々の生活に役立っているのはご存じのとおりですが、この性質は地質学においても重要です。コンパスのN極が北を向くのは、コンパスが磁石であるというだけでなく、地球も北極付近にS極を持つ大きな磁石だからです（図2-5）。コンパスのN極と地球のS極が引き合うのです。

地球が磁石である理由は、地球深部の外核が液体の鉄でできており、電気をよく通すためだと考えられています。核は、液体からなる外核と、固体からなる内核とでできています。外核で、液体の鉄が対流を起こしていて、その対流が電磁石のコイルと同様の役目を果たして、磁場が発生するのです。この磁場の強さは一定ではなく、地球の長い歴史の中で少しずつ変化してきまし

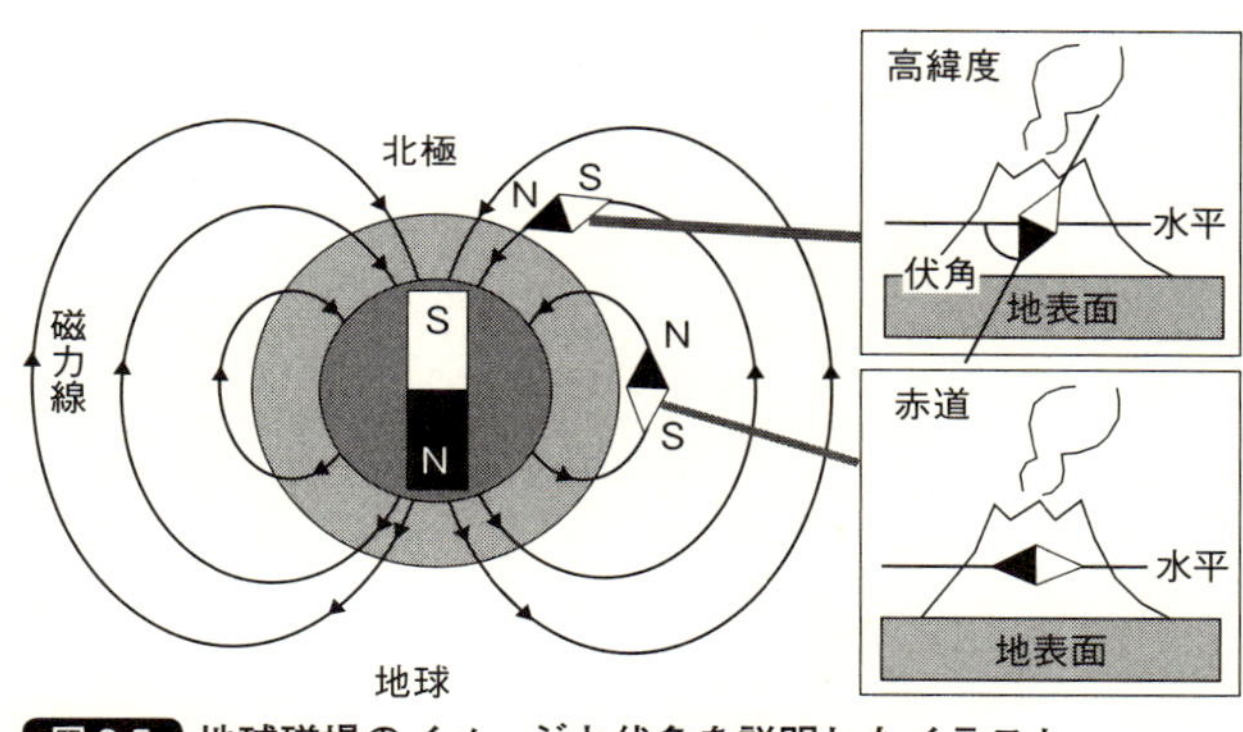

図 2-5　地球磁場のイメージと伏角を説明したイラスト。

た。最近200年間では磁場の強度が10%減少している、という観測結果があります。さらに、磁場の方向が現在とは逆転していた時代があったこともわかってきました。現在はコンパスのN極が北を指しますが、S極が北を指した時代もあったということです。

さて、火山岩は、このように長時間かけて変化してきた地球磁場の強度や方向を記録しています。マグマが地表へ噴出して急激に冷やされると、非常に細かい磁鉄鉱の結晶がつくられます。さらに冷えて約600℃よりも低温になるときに、磁鉄鉱はその時点の地球磁場の強度や方向を記録して磁石となります。このような磁化を熱残留磁化というのです。熱残留磁化の強度や向きは、数億年ほどの長い間でも保存されることが確認されています。

伏角——熱残留磁化による緯度の復元

熱残留磁化がプレート運動を知るために役立つことを理

解してもらうには、もう少し説明が必要です。

火山岩が獲得した熱残留磁化の情報として「磁場の方向」とひと言で書きましたが、方向データは3種類に区分できます。1つ目は、先ほど説明した、磁場の方向が南北逆転していたという情報です。2つ目は偏角といって、磁石のN極が示す北（磁北）が真北（北極点の方向）からどのくらいずれていたかという情報です。現在の磁北は、東京あたりで約7度、北海道の北部で約10度も真北から西にずれています。3つ目は伏角（ふっかく）ですが、これは後で詳しく説明します。

1つ目の磁場の逆転も2つ目の偏角も、プレート運動を知るために重要なデータです。しかし、深海底を掘って採取した火山岩からこれらのデータを得るのは困難です。掘っている最中に火山岩が水平にぐるぐる回ってしまい、南北の方向がわからなくなってしまうためです。一方、3つ目の伏角情報は精度よく得られます。

伏角は磁石の地面に対する傾きです（図2－5）。赤道では地球磁場の磁力線の向きが水平なので、赤道で冷え固まった火山岩の伏角は0度です。これに対し、北極や南極に近い地域では、磁力線が水平面に対して斜めに傾いています。そのため、高緯度で冷え固まった火山岩の伏角は60度とか70度になります。図2－5からわかるように、緯度が高くなればなるほど、伏角は大きくなっていきます。この関係を利用すれば、伏角から火山岩ができた場所の緯度がわかるのです。

つまり、北極に近い地域で採取された火山岩の伏角が0度に近かった場合、その岩石は長い年月をかけて赤道付近から移動してきたと考えられるのです。ただし、この考察が正しいのは磁北が動かないと仮定した場合です。ところが、数億年という長時間をかけて磁北は移動しているので、真実を知るためにはもっと複雑な考察が必要です。これに関しては、古地磁気学の専門書に解説を譲ることにします。

私が伏角データの重要性を認識したのは、２００９年にシャツキー海台を掘削した時でした。そのときに居合わせた古地磁気学者が、伏角データをとても大切にしている様子を間近で見たのです。現在、シャツキー海台は日本列島と同じ北緯30度から40度に存在しますが（図１－５：24ページ）、熱残留磁化データを見ると、シャツキー海台の火山岩は0度に近い伏角を示しました。つまり、シャツキー海台は赤道付近で形成され、その後、1億年以上かけて現在の場所まで移動してきたことになります。第1章で説明したランゲリア地塊や南部北上帯に関しても熱残留磁化のデータが得られており、長い年月をかけて南半球から北アメリカや日本まで移動してきたと考えられています。

このように古地磁気学は、大陸や巨大海台の移動の歴史を知るために重要な学問なのです。そして、これから説明する太平洋プレートの拡大や失われた大陸の話にも、熱残留磁化のデータは登場します。

パンゲア超大陸と古太平洋

熱残留磁化のデータはプレートテクトニクスを実証してきました。

熱残留磁化から明らかになった事実として最も有名なのは、大西洋が大西洋中央海嶺を中心に拡大していること、そして拡大を始める以前は大西洋を挟む東西の大陸がくっついていたことです。このことを図2－6に示しました。大西洋中央海嶺を軸として左右対称に海を消すと、南北アメリカ大陸とヨーロッパ・アフリカ大陸がぴたりとくっつきます。さらに、南極大陸はアフリカ大陸にくっつけられそうですし、オーストラリア大陸は南極にくっつけられそうです。

実際にプレートテクトニクスに従って大陸の移動を考え、1億8000万年前までさかのぼると、図2－6Bのような大陸分布が浮かび上がります。6大陸はすべてくっついて1つの巨大な大陸をつくっています。この超大陸は「パンゲア」とよばれています。インドの動きだけが少し特殊ですが、中央海嶺を軸にして両側の海を消していけば、誰でも簡単にパンゲア超大陸を再現できるはずです。

次に、図2－6Bの海に注目してみましょう。1億8000万年前には大西洋は閉じてなくなっています。アフリカ、インド、オーストラリア、南極がくっついたため、インド洋も消えてしまっています。すると、現在の世界三大洋の中で当時存在していたのは、太平洋だけということ

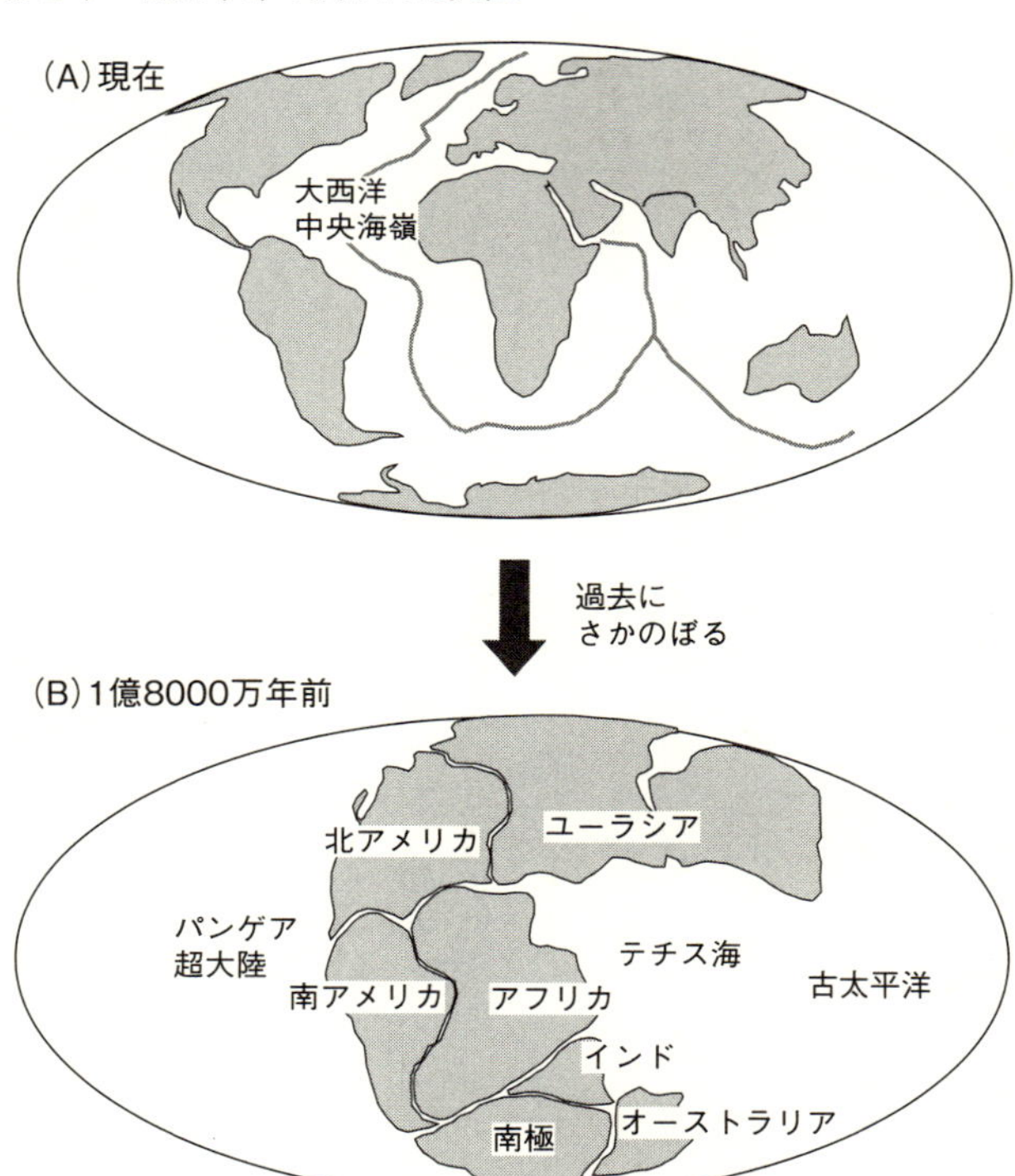

図 2-6 現在の地図（A）と１億8000万年前の地図（B：2012年にシートンらが公表した図を簡略化)。

になります。実は、この太平洋の下にあるプレートは太平洋プレートではありません。これに関してはのちほど詳しく説明しますが、現在の太平洋と名前を区別するため、１億８０００万年前よりも古い大洋は「古太平洋」とよばれています。

パンゲア超大陸には、東側から古太平洋が入り込み、「テチス海」という広大な湾を形成していました。テチス海はパンゲア超大陸を北半球側と南半球側に分ける熱帯の海でした。温暖なテチス海にはサンゴが発達し、多くのプランクトンが発生しました。そして、豊富なプランクトンを餌とするさまざまな種類の小魚が繁栄し、さらに小魚を食べる大型の魚も集まってきました。この時代を代表するアンモナイトが、テチス海に数多く暮らしていたこともわかっています。

このようにして、テチス海ではさまざまな種類の動物が生まれ育ちました。これらは一括して「テチス動物群」とよばれています。第1章で紹介した、アラスカの地層から見つかったテチス型フズリナは、このテチス動物群の化石の一種です。

超大陸の分裂

先ほどは、現在から1億8000万年前のパンゲア超大陸の時代まで時間をさかのぼりました。今度は、パンゲア超大陸の分裂から現在にいたるまでのプレートの動きに注目してみましょう。

約1億8000万年前のパンゲア超大陸の分裂は、北アメリカとアフリカの間から始まりました。分裂の開始から少し経過した約1億6000万年前の世界地図を図2-7に示します。ローレンシア大陸（現在の北アメリカ）と西ゴンドワナ大陸（現在のアフリカと南アメリカ）の間に

1億6000万年前

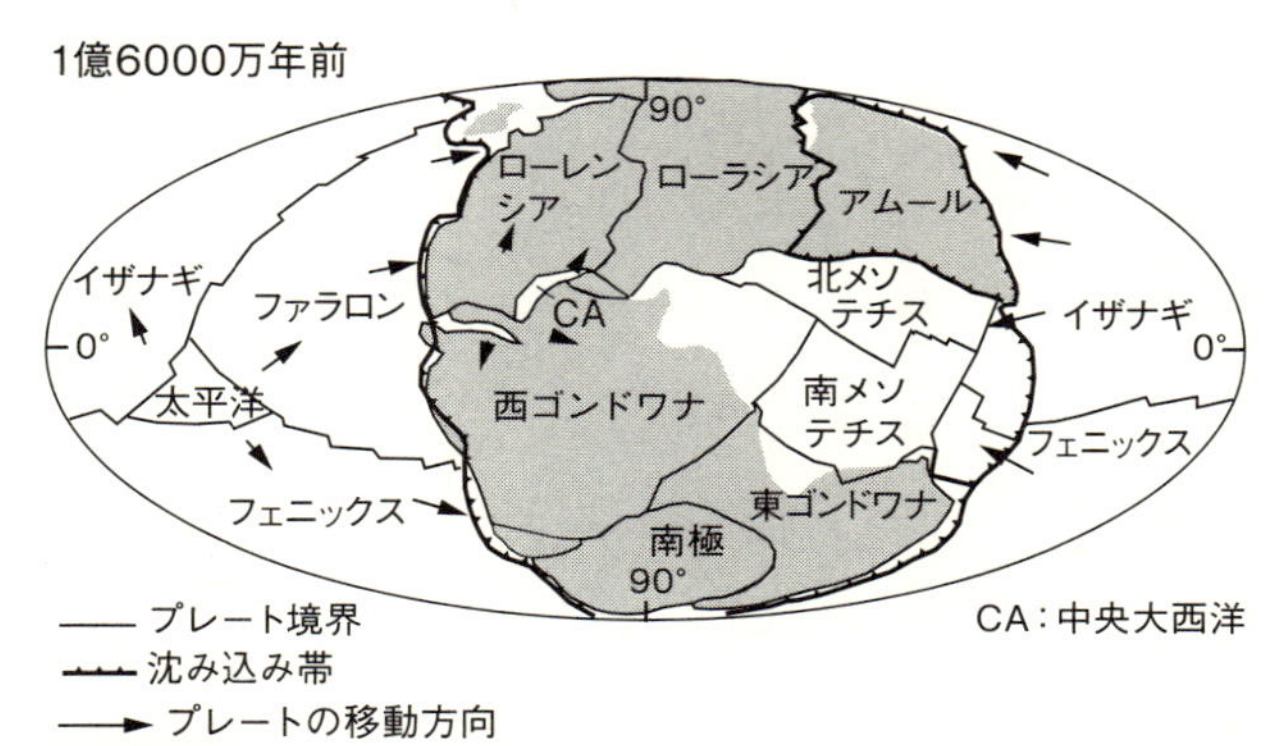

図2-7　１億6000万年前の世界地図（2012年にシートンらが公表した図を簡略化）。それぞれのプレート名を書いてある。

CA（中央大西洋）と記した細長い海があることを確認してください。

スイスのバルトリーニ博士とアメリカのラーソン博士は、パンゲア超大陸の分裂が原因となり、超大陸の西側と東側からもぐり込む海洋プレートの動きが活発化したと考えました。それは約１億７５００万～１億５９００万年前のことです。図２-７で、ローレンシアプレートや西ゴンドワナプレートの西側からファラロンプレートやフェニックスプレートが沈み込んでいること、そしてアムールプレートや東ゴンドワナプレートの下へイザナギプレートやフェニックスプレートが沈み込んでいることを確認してください。この時代、パンゲア超大陸の縁では、プレートの沈み込みに伴って火山噴火が活発に起こっていました。これは、現代の日本列島で起きているのと同じタイプの噴火です。

なお、前項に少し書きましたが、パンゲア超大陸が存在していた1億8000万年前、古太平洋の海底をつくっていたのは太平洋プレートではありませんでした。イザナギ、ファラロン、フェニックスという3枚の広大な海洋プレートが古太平洋の海底を形成していたのです（図2-7）。

太平洋プレートの誕生

図2-7を見るとわかる通り、1億6000万年前、太平洋プレートは3枚の広大な海洋プレートの間に誕生したばかりのマイクロプレートでした。バルトリーニ博士らは、約1億7500万～1億7000万年前に太平洋プレートが生まれたと推定しました。これは、パンゲア超大陸の分裂に誘発されて沈み込み運動が活発化した時期と一致します。

バルトリーニ博士らは、これらの時期の一致に注目し、「沈み込み運動の活発化に伴い、3枚の海洋プレートは超大陸の下に急激に引き込まれ、3枚のプレートが接していた点に隙間が生まれた。そこに新しいマイクロプレートができた」と主張しました。このマイクロプレートが、現在は地球最大の広さを誇る太平洋プレートに成長したのです。この研究成果は、2001年に論文として発表されました。

なお、3枚の海洋プレートが接する点は「海嶺―海嶺―海嶺三重会合点」とよばれており、マイクロプレートが発生しやすい場所と考えられています。さらに、巨大海台が形成される場所としても注目をあびています。たとえばシャツキー海台は太平洋プレート、イザナギプレート、ファラロンプレートが接する三重会合点に形成されました。１億５０００万〜１億３０００万年前のことです。

バルトリーニ博士らの考えは大変魅力的ですが、これに異議を唱える研究者もいます。たとえば、スイスのパボーニ博士はバルトリーニ博士らの論文に意見書を提出しています。パボーニ博士は、パンゲア超大陸が分裂し始めた場所と太平洋プレートの誕生した場所が、互いに地球の真裏にあたることに注目しました。そして、地球のある地点とその真裏の地点に深部からの物質の湧き上がりがあり、これがマントルを対流させると提案しました。湧き出し口では超大陸の分裂や新プレートの誕生が引き起こされたことでしょう。つまり、地球深部からの物質の湧き上がりが太平洋プレート誕生の原因であり、沈み込みの活発化は原因ではないと主張したのです。

これら物質の湧き出し口は、現在の世界地図で見るとアフリカ大陸の下と南太平洋の下にあります。21世紀に入ってから、これら２つの地域では地下の構造探査が進み、熱い物質の巨大な上昇流がありそうなことがわかってきました。しかし、まだ確実とはいえない結果なので、今後の研究成果に期待しましょう。

バルトリーニ博士らの研究には、他にも問題点が指摘されています。それは、太平洋プレートが生まれた時期の見積もりについてです。実は、バルトリーニ博士らの論文が公表される約10年前の1992年、すでに日本人研究者が太平洋プレートの誕生時期を推定していました。この研究を主導していたのは千葉大学の中西正男教授です。中西教授は広大な太平洋の複数箇所で熱残留磁化を調べ、太平洋プレートの中で最も古い場所が形成したのは1億9200万年前であると推定し、これをアメリカの著名な科学雑誌に報告しました。中西教授らの見積もりが正しいとすると、パンゲア超大陸の分裂に伴う沈み込み運動の活発化よりも、太平洋プレートの誕生のほうが1000万年以上も先行していることになります。すると「沈み込み運動が太平洋プレートの誕生を誘発した」という主張は成り立ちません。

いずれにせよ、太平洋プレートが誕生した原因は今のところ謎であり、今後解明しなければならない課題として残っています。

拡大する太平洋プレート

約1億9200万年前に三重会合点で誕生した太平洋プレートは、すべて中央海嶺で囲まれており、沈み込み帯はありませんでした。中央海嶺はプレートが拡大する場所のため、太平洋プレートは縮小することなく徐々に拡大していきました。すると他のプレートは少しずつ小さくなっていきました。地球の表面積は一定で変わらないからです。

図２－７（71ページ）を見るとわかる通り、イザナギプレートはアムールプレート（現在のユーラシア大陸）の下へ沈み込み、ファラロンプレートはローレンシアプレートや西ゴンドワナプレートの下へ沈み込みました。そして、フェニックスプレートは東ゴンドワナ（現在のオーストラリア大陸）や南極プレートの下に消えていったのです。

イザナギプレートは１億年以上の時間をかけてユーラシア大陸の下に沈み込んでいったのですが、この間に、多くの堆積物や上部地殻がユーラシア大陸の東端に付加体を形成しました。これが日本列島の原型です。かなり前の図になりますが、図１－８（39ページ）を見てください。三波川帯や領家帯などの西日本の広範囲に分布する地層は、イザナギプレートの沈み込みに伴って形成された付加体なのです。

時代が進むと、イザナギプレートと太平洋プレートの間にあった中央海嶺も、ユーラシアプレートの下へ沈み込んでしまいました。約５０００万年前のことです。これによりイザナギプレートは地表から姿を消し、代わりに太平洋プレートがユーラシア大陸の下へ沈み込み始めました。

南半球にあったフェニックスプレートもイザナギプレートと同じような運命をたどり、現在の地表には存在しません。ファラロンプレートはかろうじて残っていますが、複数に分裂し、北側はファンデフカプレート、南側はココスプレートとナスカプレートと名前を変えています（図２－１：45ページ）。

このように、太平洋プレートは誕生から現在にいたるまで1億7000万年以上の歳月をかけて、他の巨大海洋プレートを押しのけて面積を広げてきました。そして地球上最大のプレートへと成長したのです。

2-3 パシフィカ大陸

失われた大陸

第1章でスタンフォード大学のヌル教授らのアイデアを紹介しました。世界中の海底に分布する巨大海台は、かつては大陸の一部だったかもしれない、というものです。巨大海台の分布を表した図1-5（24ページ）は1982年に公表された成果ですが、その5年前の1977年に、彼らは「失われたパシフィカ大陸」という論文をイギリスの著名な科学雑誌に掲載していました。このタイトルはチャーチワードの『失われたムー大陸』にちなんでつけたのかもしれません。この論文は、第1章で登場したシャツキー海台、オントンジャワ海台、南部北上帯、ランゲリア地塊はすべて南半球に存在したパシフィカ大陸の欠片である、とする壮大な内容です。彼ら

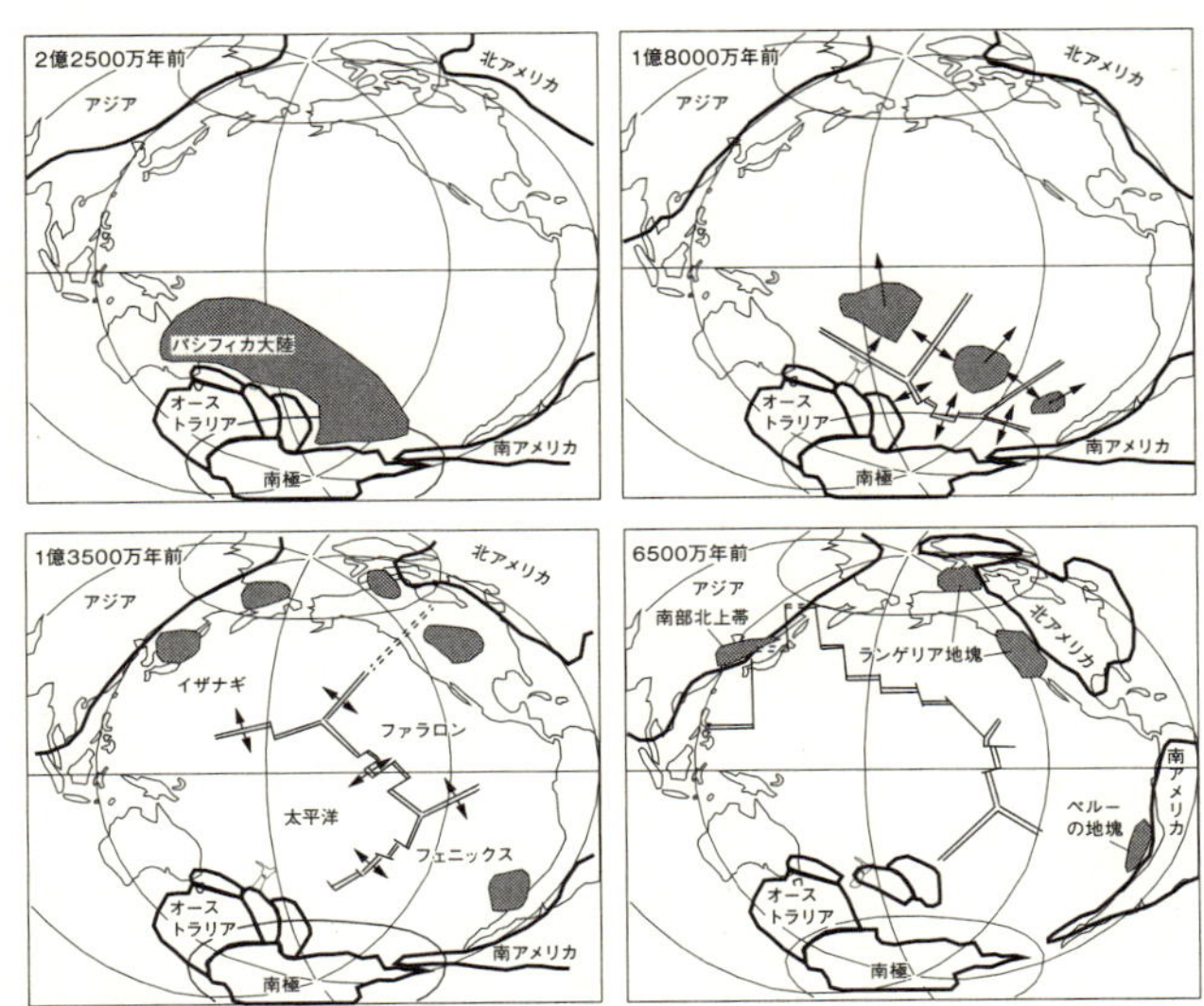

図 2-8 失われたパシフィカ大陸の分裂と移動モデル（1977年にヌル＆ベン・アブラハムが公表した図を簡略化）。太い実線と細い実線はそれぞれ、過去と現在の大陸の形と位置を表す。また、二重線はプレート境界を表す。

の主張を紹介しましょう。

ヌル教授らが提案したパシフィカ大陸消滅の歴史を、４つの時代に分けて図２－８に示しました。２億２５００万年前の地図のニュージーランド付近に、巨大な大陸があることを確認してください。オーストラリアと南極を合わせたよりも大きな大陸が描かれています。これがパシフィカ大陸です。

図２－８の大陸やプレート境界の配置は、図２－６や図２－７とかなり違うことに気がついたかもしれません。この違いは、図２－６と図２－７が最近の研究成果を引用しているのに対し、図２－８

は1977年当時の成果だからです。1970年代は現在にくらべると太平洋の海底地形や熱残留磁化のデータの蓄積が少なく、プレートの正確な動きはまだよくわかっていませんでした。

散らばった大陸

図2-8のパシフィカ大陸の存在は、どのようにして推定されたのでしょうか。ヌル教授らは、かつて太平洋に存在していたファラロン、フェニックス、イザナギプレートを時間的にさかのぼって動かしてみたのです。6500万年前、1億3500万年前、1億8000万年前とさかのぼってみると、南部北上帯やランゲリア地塊は南太平洋へ集合していきます。ヌル教授らは、南アメリカのペルーに存在する火山岩もパシフィカ大陸の一部と考えました。

なお、ヌル教授はイザナギプレートを「クラプレート」と記述しましたが、現在はよび名が変わっています。現在、クラプレートとは、ファラロンプレートが中央海嶺によって分断され生まれた5つのプレートのうちの1つにあたるとされています。ちなみに、これら5つのプレートは北から南に向かってクラ、バンクーバー、ファンデフカ、ココス、ナスカと名付けられています。

パシフィカ大陸は中央海嶺により複数に分断され、それぞれの欠片が異なるプレートの一部として移動し、別の大陸に衝突・付加してテレーンになったと考えられました。さらに、太平洋に存在するシャツキー海台やオントンジャワ海台は、まだ大陸に付加されていない移動中の大陸片とみなされたのです。

ただし、現在ではこのモデルには修正が必要と考えられています。まず、それぞれの海洋プレートの配置や動きがヌル教授らの想定していたものと違うことがわかってきたのです。最新の熱残留磁化データを使ってプレートの動きを時間的にさかのぼってみると、それぞれのテレーンや巨大海台は都合よく南太平洋に集合してくれません。さらに、ヌル教授らは、パシフィカ大陸が中央海嶺により分断されたと仮定していますが、その証拠が見つからないのです。

巨大海台の誕生

最近の研究により、ヌル教授らが太平洋を移動中の大陸片と考えた巨大海台は、パシフィカ大陸付近には存在しなかったことがわかってきました。さらに、巨大海台は玄武岩からつくられており、大陸に特徴的な花崗岩からつくられたものではないこともわかってきました。巨大海台は多量のマグマの噴出により形成された、巨大火山の台地なのです。それでは、これら巨大火山はどこで噴出していたのでしょうか?

図2-9がその答えです。これは、熱残留磁化データを使ってプレートの動きを求め、約1億2000万年前までさかのぼると得られる太平洋の地図です。巨大海台は太平洋中央部の赤道か

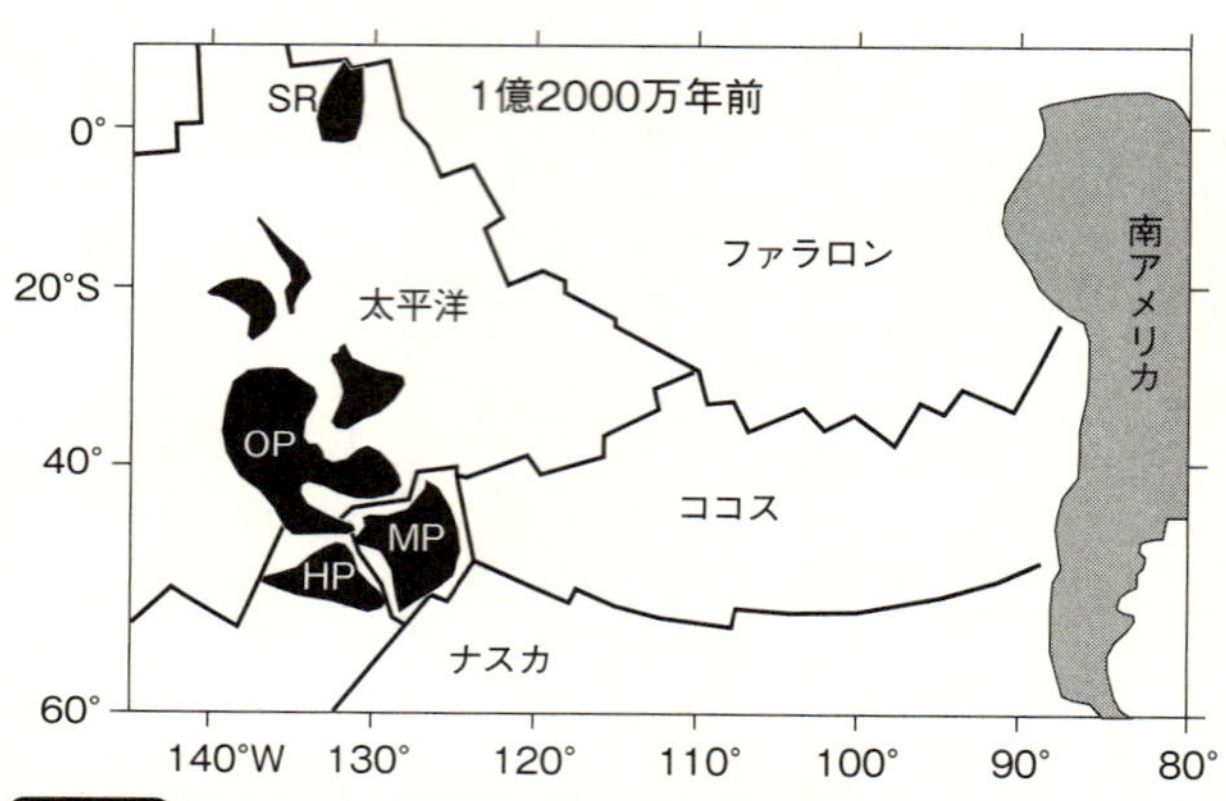

図 2-9 1億2000万年前の南太平洋の推定図（2012年にシートンらが公表した図を簡略化）。シャツキー海台（SR）、オントンジャワ海台（OP）、マニヒキ海台（MP）、ヒクランギ海台（HP）の場所を表した。

ら南太平洋の地域に集中しています。ヌル教授らの提唱したパシフィカ大陸は、この地域よりもずっと西のニュージーランド付近にありました。

図２－９に示した地域は、約１億９２００万年前に太平洋プレートが誕生した場所と一致します。さらに、この地域では最近も火山活動が活発です。たとえば、現在この地域に存在するイースター島は約13万年前に噴火していた火山島です。現在のイースター島はすでに噴火活動をやめていて、活火山ではありませんが、１億年以上前に噴火していた巨大海台とくらべたら、ごく最近に噴火した火山といってよいでしょう。

太平洋プレートの誕生、巨大海台の噴火、イースター島の火山活動、と１億７０００万年間も断続的にマグマ活動が続いているのです。そう考えると、地球深部からの物質の湧き上がりが南太平洋の下で起きているとするパボーニ博士の主張には、説得力が感じられます。

大オントンジャワ事件——巨大海台の分裂

図2-9を見るとわかる通り、南太平洋に出現した巨大海台は密集しています。すると、元々はすべての巨大海台が結合して1つの大陸を形成していたのではないか、と期待したくなります。しかし、すべてが結合していたということはありません。たとえばシャツキー海台とオントンジャワ海台は、まったく違う時代につくられたことがわかっています。シャツキー海台は、約1億5000万～1億4000万年前に赤道の少し南に出現した超巨大火山です。一方、オントンジャワ海台は約1億2000万年前に南太平洋でできた超巨大火山です。1億2000万年前、シャツキー海台はすでに赤道を越えて北半球を北上中でした（図2-9）。

ただし、オントンジャワ海台、マニヒキ海台、ヒクランギ海台の3つは1つの超巨大海台であった可能性があります。これは、ハワイ大学のテイラー教授が2006年に論文として公表した考えです。そう考える理由の一つは、3つの巨大海台の輪郭がジグソーパズルのピースのようにぴったりと一致しそうなことです（図2-9）。また、3つの巨大海台の噴火年代がどれも約1億2000万年前で一致していることも理由の一つです。さらに、火山岩の特徴が類似していることもわかってきました。しかし、今のところ熱残留磁化や火山岩の化学組成データが乏しいため、このアイデアはまだ空論段階であるとみなす研究者が多いのが現状です。

この3つの巨大火山が誕生したイベントは「大オントンジャワ事件」(Great Ontong Java Event)とよばれ、現在も活発に検証されています。私は、今後数年間で大オントンジャワ事件の全貌が明らかになってほしいと願っています。

さて、南太平洋で誕生した複数の巨大海台は、それぞれが所属するプレートの動きに従って分散していきました。シャツキー海台は北半球、オントンジャワ海台やマニヒキ海台は赤道直下、ヒクランギ海台は南半球のニュージーランド沖にいたりました。それぞれの巨大海台の現在の分布については、図1-5(24ページ)をご覧ください。

幻の大陸

今世紀に入ってからも、継続的な海洋調査により熱残留磁化データは蓄積され、過去のプレート運動が詳細に復元されつつあります。太平洋の多くの地域で詳細な海底地形の調査も進み、パシフィカ大陸の存在の検証を可能にする材料が集まってきました。最近の研究成果によると、ヌル教授が主張したような広大なパシフィカ大陸の存在は怪しいといわざるを得ません。現在、大多数の地質学者がパシフィカは幻の大陸と考えています。

それでもなお太平洋には、大オントンジャワ事件で誕生した超巨大海台があり、誕生時には小大陸を形成していた可能性があります。さらに、広大なパシフィカ大陸はなかったとしても、ニュージーランド付近に存在するジーランディアは小さな大陸を形成していたかもしれません（図1-5）。

ジーランディアに関しては第5章で詳しく説明します。それよりもまず、ジーランディアが大陸であると決めるためには、大陸がどのようなものかを知る必要があります。そこで次章では、大陸の特徴について説明していきます。

第3章

そもそも大陸とはなにか？

──その材料と成り立ち

「海に沈んだ大陸を発見した」と主張するためには、大陸と海洋底の違いを知る必要がある。さらに、大陸が海面より上にあり海洋底が海に沈んでいるという、一見当たり前に思える事実を科学的に説明しなければならない。大陸と海洋底の違いとして、それらを構成する岩石の種類の違いを見ていこう。そして、軽くて厚い大陸地殻が水面から頭を出し、薄くて重い海洋地殻が海底に存在するというアイソスタシーを理解しよう。

3-1 大陸と海洋の違い

標高の違い

太平洋を調査し、大陸に特徴的な地層を海底下に発見できれば、失われたムー大陸やパシフィカ大陸の存在を突き止めたことになります。第2章の図2-2（51ページ）で説明したように、大陸地殻の岩石は海洋地殻とは違うため、海底調査により大陸地殻の特徴を検出するのは簡単そうです。具体的には、海の下から花崗岩が見つかれば、「失われた大陸を発見した」といえるのではないでしょうか。

ところが、実際はそれほど単純ではありません。図2-2の大陸地殻はかなり簡略化されており、これだけで大陸地殻を理解したことにはならないのです。海底下に大陸を探す前に、大陸地殻の成り立ちについて知っておく必要がありそうです。そこで本章では、大陸地殻の構造や海洋地殻との違いについて述べることにします。

地球儀や地図帳に描かれている大陸と海洋の違いは、表面が海水によって覆われているかいな

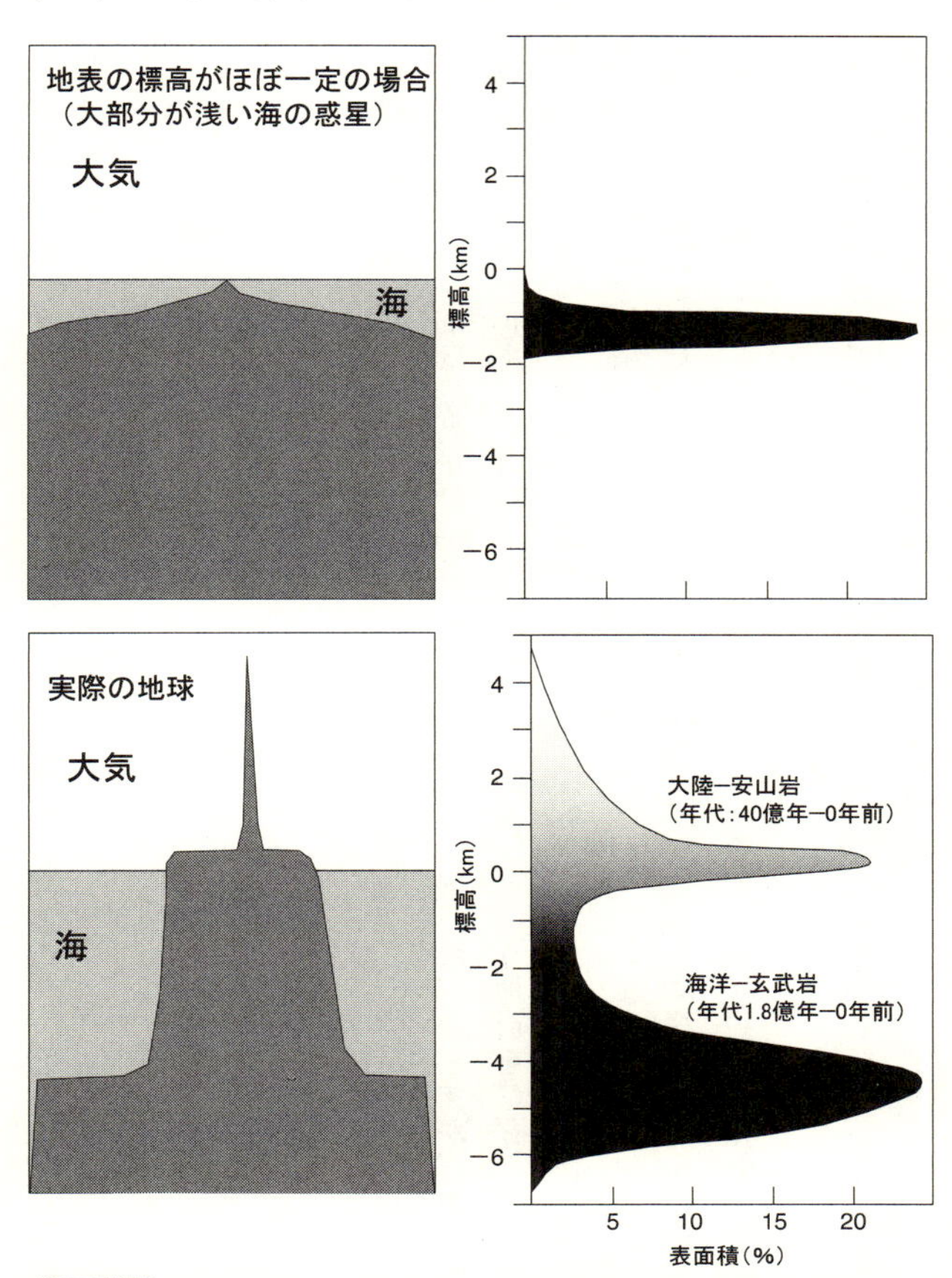

図3-1 大部分が浅い海である架空の惑星（上段）と実際の地球（下段）について、断面図（左）と地表の標高分布（右）。（右下の図は2013年にケーウッドらが公表）。

いかで決まっています。これは、標高の高い領域が大陸となり、低い領域が海洋となるという単純な原理です。一方、「はじめに」でも述べたとおり、地学の世界では、大陸と海洋を区別する基準は海水の有無ではありません。

地学における大陸と海洋の違いを図3－1に表しました。これは、海水を取り去ると現れる地表の標高ごとの面積割合を示した図です。実際の地球では、標高0㎞付近と－5㎞付近の2ヵ所にピークがあることを確認してください。

地球の標高0㎞あたりのピークは、大陸地殻の大部分がこの標高に集中していることを表しています。大陸の一部は標高が0㎞よりも低く、海水に覆われていますが、地学の世界では、この部分も大陸とみなします。海底に存在する「大陸棚」という地形をご存じかと思いますが、これが大陸のうちで海水に覆われた部分です。大陸棚も含めた大陸地殻の面積は地球表面の40％にもなり、これは陸の面積の割合である30％を10％上まわっています。別の見方をすると、海底に存在する大陸地殻（＝大陸棚）の面積は地球表面の10％に相当するということです。また、後で詳しく説明しますが、大陸地殻はさまざまな岩石からできており、平均的な化学組成は安山岩という岩石の組成と一致します。

一方、標高－5㎞付近のピークは、海洋地殻がこの標高に集中していることを示します。海洋地殻は玄武岩組成です。大陸地殻はさまざまな化学組成の岩石からできていて、その平均値が安山岩であるのに対し、海洋地殻をつくる岩石はほぼ一様で玄武岩組成であるという違いもあります。

大陸地殻と海洋地殻は岩石の種類が違うだけでなく、形成年代も大きく異なります。海洋地殻をつくる岩石はすべて若く、1億8000万年前以降につくられたものばかりです。ところが、大陸地殻をつくる岩石の多くは数億年前よりも古く、40億年前につくられたものも見つかっています。つまり、40億年もの歳月をかけてさまざまな岩石がつくられ、大陸を形成してきたのです。これら大陸地殻を構成する岩石については、次節で詳しく説明します。

月の海

地学の世界では、大陸と海洋底を岩石の違いで区別していますが、この方法はわかりにくいかもしれません。そもそも海に覆われた大陸が地球表面の10％もあるなんておかしい、と感じた読者もいるでしょう。このわかりにくさは、地球に海水があるために生じています。海のない月を例にあげると、もう少しわかりやすいかもしれません。じつは月にも大陸と海洋底があるのです。

「月の海」という用語を聞いたことがあるでしょうか。もちろん月に海水はないのですが、標高が低くて玄武岩で覆われている平らな部分があり、その地域が月の海とよばれています。満月のとき、うす暗く見える部分が月の海であり、その模様がウサギの姿形に似ているため、月ではウサギが餅をついているといわれてきました。一方、月の高地は斜長岩という白い岩石からできており、これが月の大陸を形成しています。

このように地学の世界では、岩石の種類の違いによって大陸と海洋底とを区分するのです。少しは理解が深まったでしょうか。それとも、さらにわからなくなってしまったでしょうか。ともあれ、次の満月の夜に月を見てみてください。ウサギの部分が海洋底であり、白っぽい部分が大陸です。

大陸地殻の構造

さて、地球に話をもどしましょう。第2章の図2－3（55ページ）に示したように、海洋地殻は上部の玄武岩層と下部のはんれい岩層からなっており、これら2層は水平方向へ絶えず続いています。一方で、大陸地殻はこのように単純ではありません。

図3－2に大陸地殻の断面を示しました。一見しただけで、とても複雑なことがわかります。さまざまな層があることや、各層の水平方向への繋がりが悪いことに注目してください。「堆積岩」「片岩（へんがん）・角閃岩（かくせんがん）」「グラニュライト」などの見慣れない岩石名が登場しますが、これら岩石の詳細については後で説明することにし、まずは各層について簡単に説明していきます。

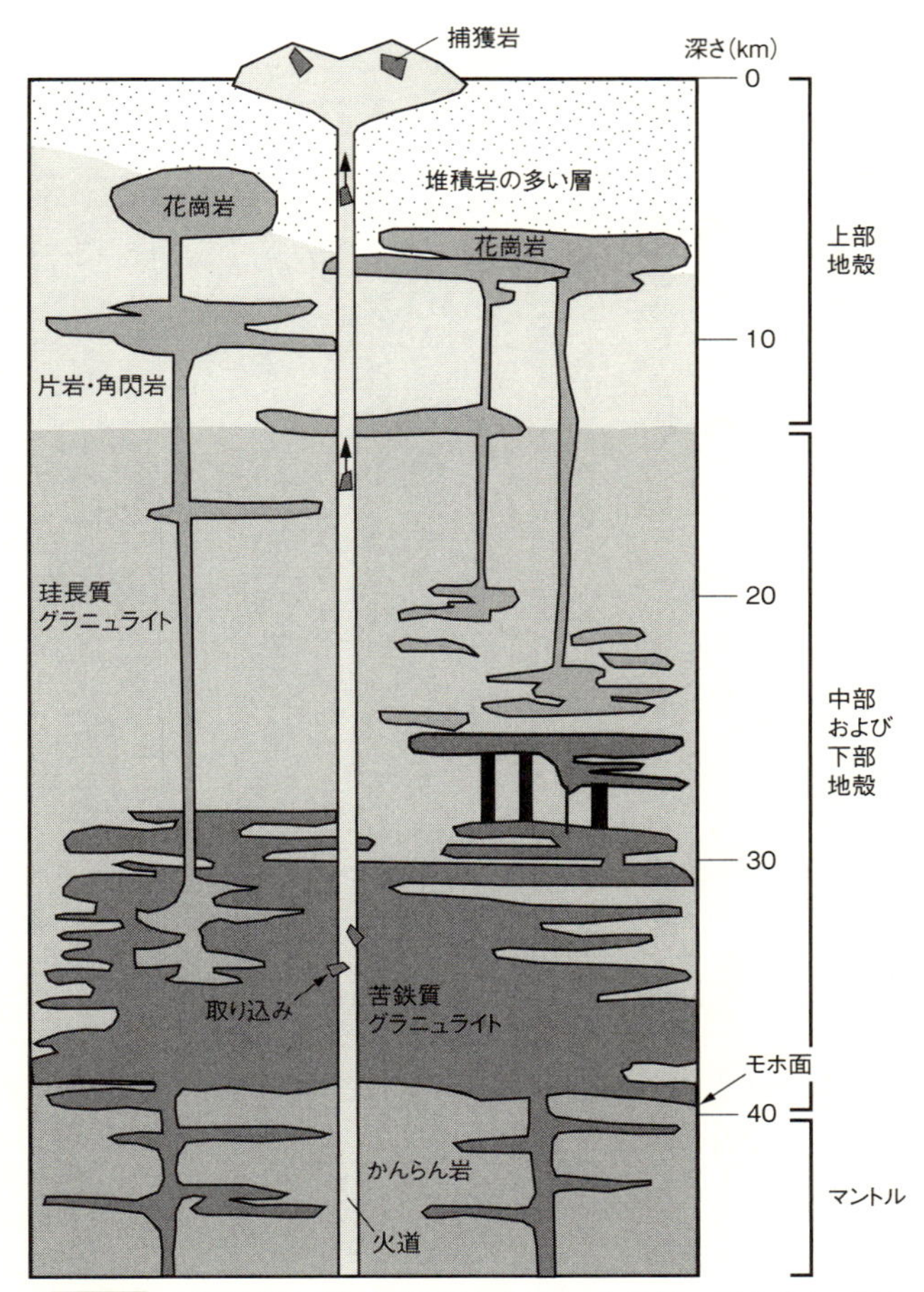

図 3-2 大陸地殻の断面（2006年にホークスワース＆ケンプが公表した図に加筆）。

地殻の最下面は「モホ面」とよばれており、図3－2では地下約40㎞付近に描かれています。モホ面の下はマントルです。モホ面よりも上の大陸地殻は、下部をつくる苦鉄質グラニュライト、中部に存在する珪長質グラニュライト、上部に不均質に分布する堆積岩や花崗岩、片岩・角閃岩などからなります。

モホ面のすぐ上に分布しているのが苦鉄質グラニュライトです。これは変成岩の一種ですが、詳しくは後で説明します。グラニュライトは、はんれい岩がマントルの高熱の影響を受けて組織を大きく変えてできる岩石です。はんれい岩は、マントルが部分溶融して生じた玄武岩マグマが固まったものであり、このメカニズムは海洋地殻の下部層をつくるプロセスと同様です。なお、「苦」とはマグネシウムを表すのに使われる漢字で、「苦鉄質」は「マグネシウムと鉄に富む」ことを意味します。玄武岩やはんれい岩はマグネシウムや鉄成分を多く含むため、このようによばれているのです。

大陸地殻中部をつくる珪長質グラニュライトも、熱の影響で元々の岩石から組織が変わってできたものです。「珪」は二酸化ケイ素（SiO_2）、「長」は長石（鉱物）を意味します。SiO_2成分が多く、長石がたくさん含まれるという特徴を持つため、このような名前がつけられています。

大陸地殻に最も特徴的な岩石が、上部に存在する花崗岩です。これは、中部地殻や下部地殻の岩石が部分溶融して生じたマグマに由来します。マグマは上昇し、上部地殻でゆっくりと冷え固まって花崗岩となります。このことは図３－２を見てイメージしてみてください。

以上、大陸地殻の構造についてかけ足で説明しましたが、「よくわからなかった」と感じた読者がいるかもしれません。次節で、もう少し丁寧に説明していきます。

３－２　地球をつくる材料

地殻をつくる岩石

これまでに何度か説明したように、大陸地殻をつくる代表的な岩石は花崗岩であり、海洋地殻は主に玄武岩からつくられています。岩石名だけではイメージがわかず、わかりにくいと感じる読者がいるかもしれないので、これら岩石の写真を図３－３に示しました。

花崗岩は一般に、石材名の「御影石（みかげいし）」として知られています。通常の花崗岩には色の異なる４種類の鉱物が入り混じっており、それぞれが白、透明、ピンク、黒に見えます。白は斜長石、透明は石英、ピンクはカリ長石、黒は黒雲母（または角閃石）という鉱物です。石英（化学組成はSiO_2）や斜長石に富む花崗岩は、代表的な珪長質岩石といえます。花崗岩は美しく耐久性に優れ

図3-3 地殻をつくる岩石（提供：谷健一郎）。

るため、墓石や建築石材に多く用いられてきました。日本を代表する建築物である国会議事堂も、花崗岩でつくられています。

花崗岩の中には、カリ長石（ピンク色）を含まないものがあり、特にトーナル岩とよばれています（カリ長石を含まない花崗岩の中には花崗閃緑岩（せんりょくがん）とよばれる岩石もありますが、話が複雑になりすぎるので、これについては岩石学の専門書に解説を譲ります）。図3－3は白黒写真なのでわかりにくいかもしれませんが、通常の花崗岩とトーナル岩は実物を見るとはっきり区別できます。トーナル岩は25億年以上前の太古につくられた大陸地殻を代表する岩石ですが、詳しくは次章で説明します。トーナル岩にカリ長石が含まれないのは、もとになるマグマの化学組成が通常の花崗岩とは違うことに起因します。カリ長石の「カリ」はカリウムを表しており、カリ長石はカリウムが主成分の鉱物です。元々カリウム成分の少ないトーナル岩マグマからは、カリ長石が結晶化できません。

　地殻の下部を構成しているはんれい岩は、花崗岩にくらべて黒い鉱物の割合が大きいことがわかります（図3－3）。はんれい岩をつくる黒い鉱物の多くは輝石とよばれるものです。輝石には主な成分としてマグネシウムや鉄が含まれているため、輝石を多く含むはんれい岩は苦鉄質岩石といえます。

　花崗岩は白地に黒やピンクの斑点があるように見え、逆にはんれい岩は黒地に白い斑点があるように見えます。ところが、海洋地殻の上部をつくる玄武岩に斑点は見当たりません。玄武岩は全体的に黒っぽい緻密（ちみつ）な岩石です（図3－3）。このような組織の違いは、花崗岩やはんれい岩が深成岩であるのに対し、玄武岩が火山岩であることに原因があります。次項以下では、この深成岩と火山岩の違いについて説明しましょう。

火成岩――マグマが固まった岩石

　図3－3に示されている岩石はすべて火成岩であり、マグマが固まってできたものです。地球では堆積岩や変成岩もつくられますが、元々はそれらすべてが火成岩でした。地球が形成したとき、高温のために地表は融けた状態となっていて、「マグマオーシャン」とよばれるマグマの海

図3-4 岩石のでき方。

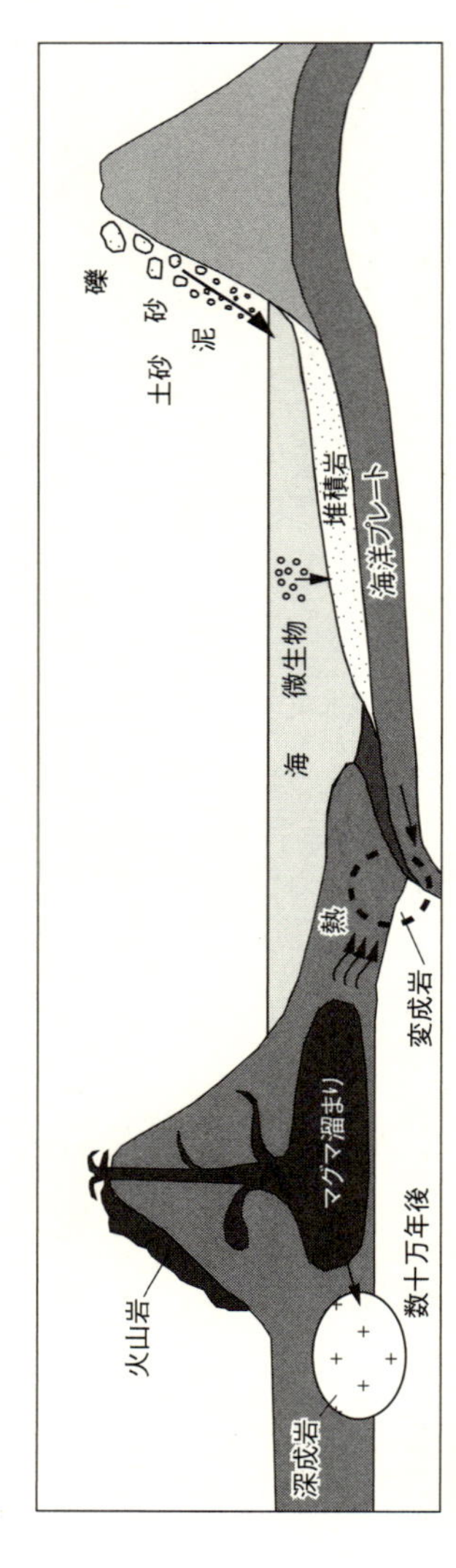

からできていたからです。したがって、地球の進化や大陸の成長を知るために、まずは火成岩を理解することが重要です。

火成岩は組織の違いによって深成岩と火山岩に分けられます。それぞれの岩石のでき方を図3－4に示しました。

深成岩は地下深部のマグマ溜まり内で生成するため、このような名前がついています。数十万年をかけて地下のマグマ溜まりがゆっくりと冷え固まると、深成岩となります。マグマがゆっくりと固まる場合、鉱物の結晶は時間をかけて大きく成長できます。そのため、深成岩は肉眼で見

SiO_2(重量%)			52%	63%	70%
火山岩		玄武岩	安山岩	デイサイト	流紋岩
深成岩	かんらん岩	はんれい岩	閃緑岩	花崗岩	
有色鉱物(体積%)			35%	20%	

超苦鉄質　苦鉄質 ←→ 珪長質

表 3-1 火成岩の分類。

えるような大きな粒々からできているのです。
　マグマ溜まりからマグマが上昇して噴火すると、地表で冷え固まって火山岩ができます。火山の噴火によってつくられるため、この名前がついています。マグマが地表で急に冷やされるため、鉱物の結晶は大きく成長する時間がなく、火山岩には目に見える粒々はほとんど含まれません。ただし、深成岩に含まれるような大きな結晶が火山岩中にまばらに存在することもあります。このような大きな結晶は斑晶(はんしょう)とよばれ、マグマ溜まり内で結晶化していた鉱物と考えられています。

火山岩と深成岩の分類

　火山岩はもとになるマグマの化学組成の違いにより、主に4種類に分類されています。この分類の基準となるのが二酸化ケイ素(SiO_2)の含有量です。SiO_2は火成岩に最も多く含まれる酸化物成分であるため、岩石に名前をつけたりマグマの成因を調べたりする際によく用いられます。表3－1に示したように、SiO_2含有量52%以下が玄武岩、52〜63%が安山岩、63〜70%がデイサイト、70%以上が流紋岩と区分されています。

地球に分布する火山岩の多くは表3－1に示した4種類に分類されますが、他の名前をつけられた特殊な火山岩も存在します。その多くはアルカリ金属（主にナトリウムとカリウム）成分に富み、さまざまな種類の斑晶を持つという特徴があります。このため、地学の世界では一般的に、SiO_2だけでなく、アルカリ金属の含有量も組み合わせた分類方法が使われています。ただし、この分類方法は、大陸の構造や生成を知るためにはさほど重要でないため、地学の専門書に解説を譲ることにします。

トーナル岩と通常の花崗岩の違いと同様に、元来、深成岩は含まれる鉱物の種類やその量の違いによって分類されていました。その場合、深成岩には火山岩とは違った基準で名前がつけられていることになります。しかし、そもそも火山岩も深成岩も同じマグマからつくられるもので、地下深くでゆっくり冷え固まる（深成岩）か、地表で急激に冷え固まる（火山岩）かの違いしかありません。それなのに異なる基準で分類するのは混乱のもとです。そこで、最近は火山岩の分類基準を使って深成岩も分類されるようになりました。表3－1を見てください。火山岩である玄武岩と同じ化学組成を持つ深成岩がはんれい岩、安山岩に対応するのが閃緑岩、デイサイトや流紋岩に対応するのが花崗岩です。

なお、花崗岩〜はんれい岩を分類する際、伝統的には有色鉱物の体積%が使用されてきました（表3－1）。有色鉱物とは、鉄やマグネシウムを主成分として含む（つまり苦鉄質の）鉱物であり、かんらん石、輝石、角閃石、黒雲母の4種類に代表されます。これに対し、無色鉱物には、斜長石、カリ長石、石英の3種類があります。岩石全体に占める有色鉱物の体積%が35%以上のものをはんれい岩、20〜35%のものを閃緑岩、20%以下が花崗岩と分類されていました。ただし、この方法による分類はSiO_2含有量による分類と矛盾する場合もあるので、付属的な分類方法と思ってください。

かんらん岩——マントルを構成する岩石

表3-1において、右側へいくほど珪長質（SiO_2含有量が多い）、左側にいくほど苦鉄質（マグネシウムや鉄が多い）の岩石が並んでいます。ここで、最も苦鉄質な深成岩であるかんらん岩に注目してください。これは第2章で述べた通り、マントルを構成する岩石です。かんらん岩はマグネシウムや鉄をきわめて多く含むため、「超苦鉄質岩石」ともよばれています。

表3-1を見て、かんらん岩に対応する火山岩がないことに気がついたと思います。このことは、マグマがマントルの部分溶融によって生成することに関連しています。岩石が部分溶融すると、元々の岩石よりもSiO_2含有量の多いマグマができる、という性質が重要です。かんらん岩が部分溶融すると玄武岩マグマ、はんれい岩が部分溶融すると安山岩やデイサイトマグマができる、という具合です。かんらん岩が全部融けてしまえば、かんらん岩に対応する火山岩ができる

はずですが、このような岩石は見つかっていません。

ただし、古い岩石の中にはかんらん岩に似た（SiO_2が少ない）組成をもつものがあります。これは「コマチ岩」とよばれ、現在よりもマントルが熱かった時代に、高い部分溶融度でかんらん岩が溶融してできた火山岩だと考えられています。第2章で述べたように、海洋地殻をつくる玄武岩は、かんらん岩が12〜15％部分溶融してできた火山岩です。一方、コマチ岩は50％を超える部分溶融度によって生産されたと推定されています。部分溶融度が低ければ低いほど、SiO_2に富むマグマが生産されるのに対し、部分溶融度が高くなると、SiO_2が少ないマグマが生産され、高部分溶融度でコマチ岩ができます。そして、すべて融けるとかんらん岩と同じ組成の超苦鉄質マグマとなるのです（しかし、繰り返しになりますが、そのような火山岩は見つかっていません）。

かんらん岩はマントルの岩石であり、地球に最も多い岩石であるため、地質学における重要な研究対象です。かんらん岩を含む超苦鉄質岩石の英名は「ウルトラ・マフィック岩（ultramafic rock）」であり、テレビのヒーローである「ウルトラマン」に語感が似ています。そのため、日本人のかんらん岩研究者らが「我らはウルトラマンであり、地質学のヒーローだ」といっているのを聞いたことがあります。しかし、人気テレビ番組である「笑点」の大喜利コーナーでこんなことをいったら、おそらく座布団を2枚は持っていかれてしまうでしょう（笑）。

堆積岩――寄せ集めの岩石

図3－2（91ページ）を見るとわかる通り、大陸地殻の上部の大部分は堆積岩からできています。堆積岩の下にある片岩、角閃岩、グラニュライトは変成岩です。このように、大陸地殻には堆積岩と変成岩が多く含まれるため、これらの岩石について知っておく必要があります。

図3－4（96ページ）に描いたように、堆積岩は陸上の山が崩れてバラバラになった土砂からつくられます。土砂は河川によって運ばれ、湖や海に流れ込んで堆積物となります。堆積物が厚く積もると、下のほうは押しつぶされてカチンコチンの堆積岩となるのです。

なお、堆積岩は固まる前の粒の大きさの違いをもとに分類されています。サイズが2㎜より大きな粒が固まれば礫（れき）岩、1／16～2㎜の粒が固まれば砂岩、1／16㎜よりも小さな粒が固まれば泥岩という具合です。

海底のある一ヵ所に堆積する土砂は、一つではなくさまざまな山から運ばれてきます。また、山をつくるのはいろいろな時代につくられた火成岩であり、堆積岩や変成岩のこともあります。そのため、堆積岩は、さまざまな時代につくられたいろいろな種類の岩石がごちゃ混ぜになって固まってできるのです。

堆積岩になるのは陸の土砂だけではありません。海底に降り積もった海洋微生物の死骸が堆積岩となることもあります（図3－4）。堆積岩をつくる微生物には、石灰質の殻を持つ有孔虫や、ケイ酸質の殻を持つ放散虫など、いくつかの種類があります。有孔虫の死骸からは石灰岩、放散虫の死骸からはチャートという岩石がつくられます。

変成岩——大陸地殻を複雑にする要因

堆積岩とともに大陸地殻上部を構成するのが変成岩です。熱や圧力の影響で岩石をつくる鉱物が別の鉱物に変化したり、岩石の構造が変化したりしますが、そうしてできる岩石が変成岩です。変成岩となる前の岩石は堆積岩のことも火成岩のこともあり、変成岩が別の変成岩になることもあります。

図3－4に見られるように、変成岩は温度や圧力の高い地下深部でつくられます。大陸地殻の岩石が火山の熱によって変成を受けることもあれば、海洋プレートの沈み込みによって海洋地殻や堆積物が地下深くに持ち込まれて変成岩になることもあります。

変成岩は、変成を受けた温度や圧力の違いによって分類されています。図3－2に示されている3種類の変成岩について、変成を受けた温度が低いほうから高いほうへ順番に並べると、片岩（300℃以下、9km以下）、角閃岩（300～650℃、9～12km）、グラニュライト（650℃以上、12km以上）となります。ただし、ここで基準となる温度と深さは厳密な値ではありません。大体の目安と思ってください。

なお、実際の変成岩の名前はもっと複雑につけられています。それは、変成を受ける前の岩石の種類によって名前が変わるからです。たとえば、玄武岩が変成してできる片岩は「緑色片岩」、泥岩が変成すると「黒色片岩」という具合です。ただし、本書は変成岩の教科書ではないので、岩石名の説明はこの程度にしておきます。片岩、角閃岩、グラニュライトの違いが変成温度・深さの違いを表していることを知っておけば十分です。

これまでの説明でわかったように、堆積岩と変成岩には、火成岩にくらべると圧倒的に多くの種類があります。そして、これら堆積岩や変成岩と一緒に花崗岩が大陸地殻をつくっているのです（図3-2）。このように、海洋地殻にくらべると大陸地殻はとても複雑であることがおわかりいただけたと思います。

3-3 大陸と海洋はなぜ標高が違うのか——アイソスタシー

マントルに浮かぶ地殻

ここまでは大陸地殻と海洋地殻をつくる岩石の種類の違いについて述べてきましたが、ここからは大陸地殻と海洋地殻で標高が違う原因について考えてみましょう。

少し前の図になりますが、図3-1（87ページ）を見てください。大陸地殻の平均組成は安山岩であり、平均標高は0km付近です。これに対して海洋地殻は玄武岩組成であり、平均標高は−5km程度です。この標高の違いは、大陸と海洋底をつくる岩石の密度の違いに原因があります。海洋地殻の密度は約2・9g／㎤であるのに対して、大陸地殻の平均密度は約2・7g／㎤と小さいのです。簡単に説明すると、軽い大陸地殻は上に浮いており、重い海洋地殻は下に沈んでいるということになります。また、分厚い大陸地殻は上に飛び出しており、薄い海洋地殻は海面より下にあるということです。ところが、実際はそれほど単純ではありません。

第2章で説明した通り、マントル深部はゆっくりと流動できるアセノスフェアからできてお

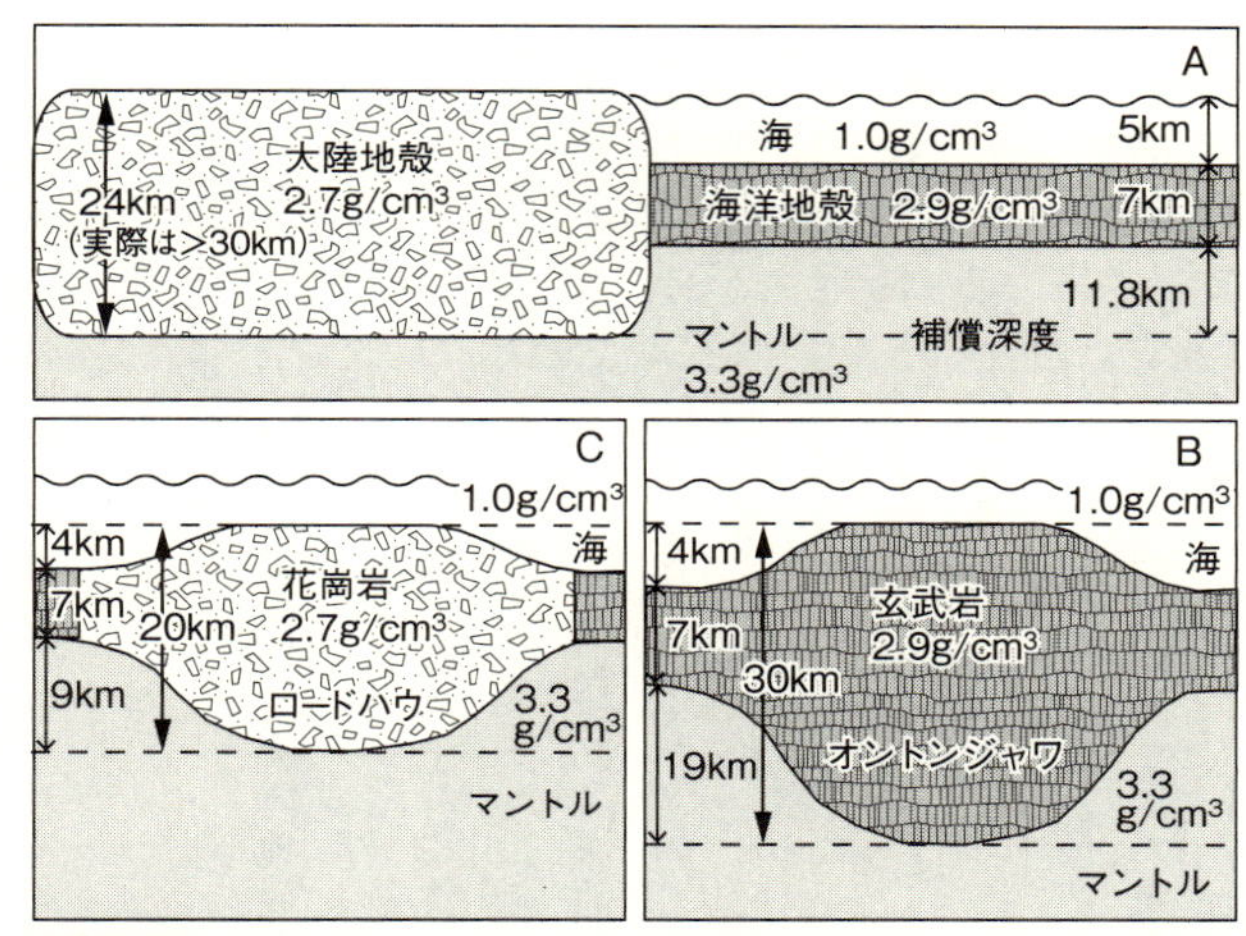

図 3-5　大陸地殻や巨大海台の推定断面。(A) 大陸地殻と海洋地殻の推定断面。(B) 海に沈む厚い玄武岩台地。(C) 海に沈む薄い花崗岩台地。

り、この上に地殻を含むリソスフェアが浮いています。大陸地殻と海洋地殻がアセノスフェアに浮いているイメージを図３－５Aに描きました。この図で「マントル」と描いた部分は、厳密には上部のリソスフェアと下部のアセノスフェアとに分かれるのですが、この境界を描いてしまうと話がわかりにくくなるので、ここではマントル＝流動できるアセノスフェアと考えましょう。

厚い大陸地殻がマントルに浮かんでいる姿は、水に浮かぶ氷を思い描けばわかりやすいでしょう。少し科学的な表現をすると、氷は自分の重さと釣り合う浮力を受ける深さまで水中に沈み、残りは水面から頭を出しています。この現象は「浮力の原理

（アルキメデスの原理）」として知られていますが、次にもっと詳しく見ていきましょう。

浮力の原理と地殻の厚さ

それでは、浮力の原理に従って大陸地殻と海洋地殻の標高の違いを考えてみましょう。なお、地質学の世界では、地殻がマントルに浮いている状態をとらえることを「アイソスタシー」とよびます。アイソスタシーは大陸の上昇や沈降を知るうえで最も基本的な考え方です。そのため、海に沈んだ大陸の存在を考えるうえでは無視できない重要な原理といえます。

図3－5Aにおいて、大陸地殻と海洋地殻は分断されていて、別々のブロックとして独立してマントルに浮いていると考えてください。そして、地殻の最も深い場所を補償深度とよびます。図3－5Aでは、大陸地殻とマントルの境界が補償深度となります。

浮力の原理は、密度の違う別々なブロックを比較した場合、空気と接する上端から補償深度までの重さが等しいというものです。もちろん、同じ面積でくらべた場合の話です。大陸は密度2・7g／㎤の大陸地殻のみから成るのに対し、海洋の下は密度1・0g／㎤の海水、密度2・9g／㎤の海洋地殻、密度3・3g／㎤のマントルから構成されます。

大陸の下と海洋の下の補償深度までの重さが等しくなるように計算した結果を、図3－5Aに数字で示しました。海洋地殻の厚さを7㎞とすると、大陸地殻の厚さは約24㎞になります。大陸地殻が海洋地殻にくらべて上に5㎞飛び出している分、深い地殻の根で支える必要があるのです。なお、ここでは大陸地殻の標高を0㎞としましたが、大陸表面の多くは海抜0㎞よりも高いため、実際の大陸地殻はもっと厚く、平均して35〜40㎞もあります。平均値に5㎞もの幅があるのはおかしいと思われるかもしれませんが、この程度しかわかっていないのが現状です。

厚い巨大海台

次にアイソスタシーに従って、巨大海台の厚さについて考えてみましょう。第1章で述べた通り、これまでの掘削調査の結果、オントンジャワ海台やシャツキー海台は玄武岩からつくられていることがわかってきました。つまり、巨大海台の密度は通常の海洋地殻と同じということです。図3－5Bに示したように、巨大海台は周囲の海洋底よりも水深が浅い海底台地です。ここでは、周囲より水深が4㎞浅い巨大海台を考えてみましょう。これは実際のオントンジャワ海台と同等です。

浮力の原理に従って、巨大海台のブロックと通常の海洋地殻のブロックとが同じ重さになるように計算すると、巨大海台の下の地殻の厚さは30㎞にもなります（図3－5B）。これは図3－5Aに示した大陸地殻とほぼ同じ厚さです。つまり、巨大海台の下には大陸地殻に匹敵するような厚い海洋地殻が沈んでいることになります。このような厚い海洋地殻の存在は、地震波や重力を利用した海底下の構造探査によって確かめられました。オントンジャワ海台下の最も地殻が発達した場所は、その厚さが40㎞にもなるという報告もあります。

薄い大陸地殻

第1章で少し触れた通り、一部の巨大海台は花崗岩からつくられている可能性があります。オーストラリア大陸の東方沖に存在するロードハウ海台はその有力候補です。そこで、ロードハウ海台についてもアイソスタシーに従って厚さを推定してみましょう。

図3－5Cに示した通り、ロードハウ海台が花崗岩からできているとすると、厚さは20㎞と計算されます。これは、玄武岩から成る海洋底よりも4㎞浅い台地が花崗岩からつくられていると仮定した場合の計算結果です。図3－5Bで示したオントンジャワ海台とくらべて10㎞も薄いことになります。密度2・9g／㎤の玄武岩が2・7g／㎤の花崗岩になっただけで、これだけ地殻の厚さが変わるのです。

これは、マントルを水、玄武岩を水よりも少しだけ軽い氷、花崗岩を水よりもずっと軽い発泡スチロールに置き換えて考えると理解しやすいでしょう。「氷山の一角」という言葉のとおり、氷山が水面から少しだけ頭を出しているとき、水面下にはその何倍もの氷が隠れています。これに対し、水に浮かべた発泡スチロールの場合、水面下に沈む部分はごくわずかです。

図3－5Cに示されているように、厚さが20㎞程度の花崗岩は海底に沈んでいます。ところが、これが30㎞を超えると浮力を得て、海面から頭を出すようになります（図3－5A）。これが大陸をつくっている大陸地殻です。つまりロードハウ海台は、薄いために海底に沈んでいる大陸地殻とみなせます。

3-4 大陸地殻の成因

大陸をつくる火成岩

海洋地殻を構成する玄武岩やはんれい岩の成因については、第2章で説明しました。簡単に復習すると、これらはかんらん岩の部分溶融によって生じた玄武岩マグマが固化したものであり、融け残ったかんらん岩がマントルのプレート部分となります（55ページの図2－3参照）。つまり、海洋プレートを構成するすべての岩石が、部分溶融とそれに続く固化という一連のメカニズムのみによって形成されるということです。

一方、大陸プレートの形成はこのような単純なメカニズムだけでは説明できません。そもそも、大陸プレートのマントル部分（大陸下リソスフェアマントル）に関しては、どのような岩石からつくられているかさえ、よくわかっていないのが現状です。一方、図3－2（91ページ）に示したように、大陸地殻を構成する岩石のおおまかな種類は判明しており、地殻の平均的な化学組成も推定されています。また、大陸地殻の上部を代表する花崗岩は、複数回にわたる溶融や固化を繰り返して初めて生成されることがわかっています。そして、大陸地殻をつくる岩石の多くは、部分溶融や固化だけでなく、変成作用や堆積岩化を何度となく繰り返して現在の姿になったはずです。その過程のすべてを把握することは不可能でしょう。

そこでここでは、大陸地殻をつくる本質的な出来事である、火成岩の生成について解説します。具体的には、下部地殻に存在するはんれい岩と上部地殻を代表する花崗岩の成因論を紹介します。まず次項では、下部地殻をつくる岩石に注目しましょう。

下部地殻の岩石の推定

深さ10㎞よりも深部にあたる下部地殻の情報を得るには困難が伴います。我々が地表で採取できるのは上部地殻の岩石だけであり、10㎞を超える深部の岩石をボーリングによって採取するのは不可能だからです。

これまでの研究では、下部地殻の岩石の種類を知るために、地震波が利用されてきました。ちなみに地震波にはP波（縦波）とS波（横波）という2種類がありますが、ここで使っているのはP波です。地震波の伝播速度は岩石の種類によって変化します。したがって、震源から地震計に地震波が到達するまでの時間をもとに、地下深部の岩石の種類を推定できるのです。

地震学者らが大陸地下の地震波を調べた結果、下部地殻は上部地殻よりも地震波が速く伝わる岩石でできていることがわかりました。そもそも地震波は、同じ岩石でも地下深くにあるほど速く伝わりますが、その効果を差し引いても、下部地殻での伝播速度は上部地殻よりも大きいのです。ちなみに、下部地殻とマントルの境界であるモホ面でも、地震波の速度が急激に変わります。より具体的には、モホ面の深さは地震波の速度が約7km／秒から約8km／秒へジャンプする深さで定義されています。

地殻の浅い部分での地震波の速度は、通常6・2km／秒よりも遅いのですが、地殻深部には6・5km／秒を超える層があり、この層が下部地殻として認識されています。さらに、下部地殻を地震波速度が6・5〜6・9km／秒の上部と6・9〜7・2km／秒の下部に分け、大陸地殻全体を上部・中部・下部の3層に区分する研究者もいます。図3-2は、地震波速度にもとづいて下部地殻を2層に分けて描かれています。さて、地震波を高速で伝える下部地殻はどのような種類の岩石でできているでしょうか？　次に紹介していきましょう。

グラニュライト——下部地殻の最有力候補

下部地殻をつくっていると考えられる岩石の最有力候補は、グラニュライトです。グラニュライトは、珪長質から苦鉄質までのさまざまな組成の岩石が高温・高圧の条件で変成したものです。これは、地下深部から噴火したマグマの中に岩石片として取り込まれた状態で産出します。グラニュライトについて詳しく見る前に、地下深部の岩石が地表に運ばれるメカニズムを図3-2を使って説明します。

図の中心部には、マントルから地表まで一直線に続くパイプのようなものが描かれています。これはマグマの通り道であり、火道(かどう)とよばれています。火道を上昇するマグマは、途中、地殻の岩石を取り込み、地表まで運んでくることがあります。このように運ばれてきた岩石を「捕獲岩(ほかくがん)」とよびます。地下深部から一気にマグマが噴出した火山では捕獲岩が見つかりやすく、捕獲岩として、花崗岩やグラニュライトなどのさまざまな岩石片が確認されてきました。まれに、地殻ではなく大陸下マントルリソスフェアをつくるかんらん岩が含まれていることもあります。

さて、捕獲岩として得られるグラニュライトを調べると、下部地殻のような高温・高圧の条件でつくられる変成岩であることがわかりました。この理由により、グラニュライトは下部地殻をつくる主要な岩石であると考えられるようになったのです。そしてグラニュライトの種類を知る

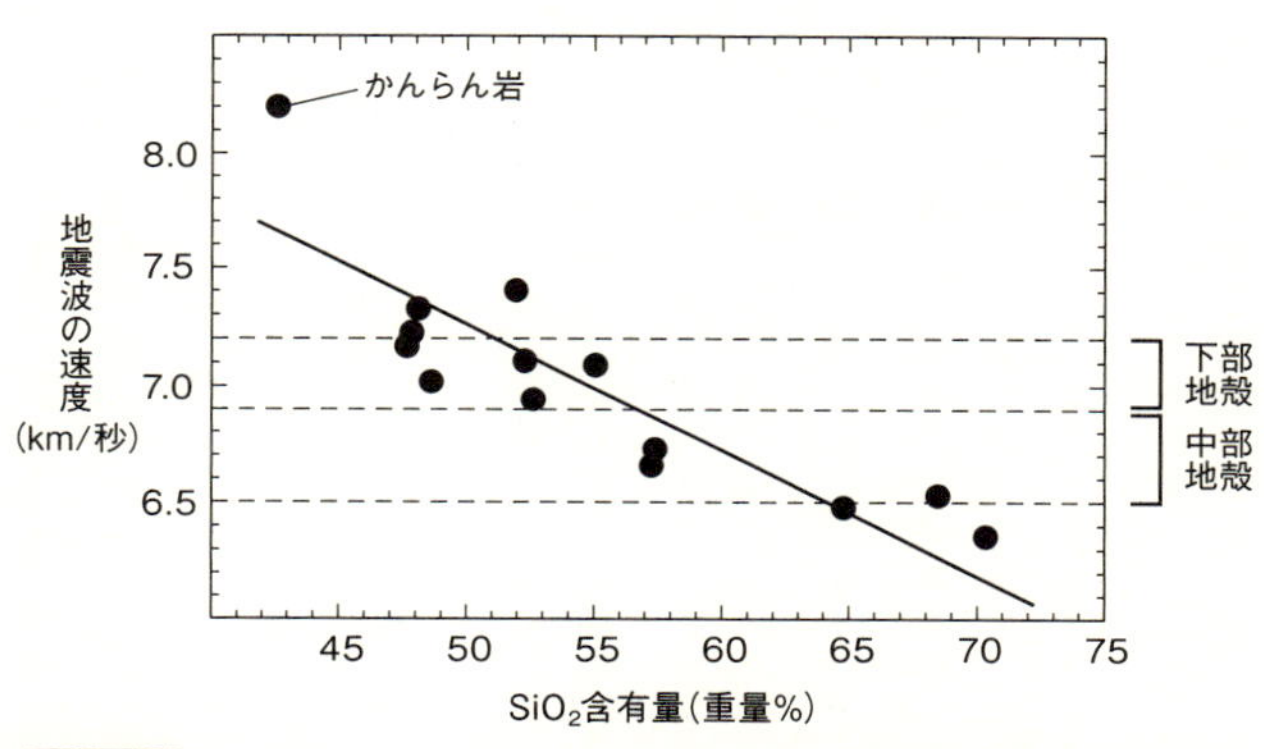

図3-6 グラニュライトと角閃岩のSiO_2含有量と地震波速度との関係（1995年にラドニック＆ファウンテンがまとめたデータを使用）。

ために、地震波がこの岩石を伝わる速度と下部地殻を伝わる速度とが比較されました。この結果を図3－6に示します。横軸がグラニュライトのSiO_2含有量、縦軸は地震波速度です。この2つの量には明らかな相関関係が見られます。すなわち、SiO_2の少ない（苦鉄質の）グラニュライトほど地震波速度が大きいのです。この図で下部地殻に相当する地震波速度6・9～7・2㎞／秒の範囲をみると、SiO_2含有量が約50％の苦鉄質岩石であることがわかります。これに対して、速度が6・5～6・9㎞／秒の中部地殻（下部地殻の上部）は、SiO_2含有量が約60％の珪長質岩石であることもわかります。このデータから、図3－2のように下部地殻は下部の苦鉄質グラニュライトと上部の珪長質グラニュライトとからつくられている、と推定されているのです。

グラニュライトの岩体がテレーンから産出するこ

ともあります。第1章で説明したように、テレーンは割れた大陸地殻の欠片と考えられます。プレート運動に伴ってアセノスフェアの上を漂流してきた大陸地殻の欠片が別の大陸へ衝突する際、下部地殻がめくれあがって付加され、テレーンになったのかもしれません。捕獲岩として産出するグラニュライトと同様に、テレーンに産出するグラニュライトも、下部地殻の情報を知るためには重要な研究対象です。

大陸地殻の平均組成

下部地殻をつくる岩石の種類がわかったので、次に上部地殻の岩石についても見ていきましょう。下部地殻にくらべると、上部地殻の情報を得るのは簡単です。地表に露出している岩石を調べればよいですし、少し深い部分の情報を知りたければ、ボーリングをして岩石を採取するという手もあります。そうはいっても、上部地殻はさまざまな岩石からつくられているので、全体像を知るのは大変な作業です。

上部地殻の化学組成を調べた先駆け的研究は、カナダの安定地塊から採取した8000個を超える岩石について化学分析をする、というものでした（安定地塊に関しては1－3節参照）。この研究では、SiO_2含有量の平均値は64％という結果が得られ、上部地殻の平均組成はデイサイト組成と推定されました（97ページの表3－1参照）。この結果は、次に説明する別の方法によって得られた結果とも一致しました。

別の方法とは、堆積岩を調べるというものです。少し前に「堆積岩は、さまざまな時代につくられたいろいろな種類の岩石がごちゃ混ぜになって固まってできる」と書きました。ということは、堆積岩を調べれば上部地殻の平均的な化学組成がわかるかもしれません。オーストラリア国立大学のテイラー教授は、この堆積岩の性質を利用して上部地殻の平均組成を求めることを考えました。特に、泥岩の一種であり、堆積岩全体の70%を占める「頁岩（けつがん）」という岩石に注目しました。

頁岩は、粒の小さな岩石の集合体です。粒が小さいということは、一つの頁岩の欠片の中にもさまざまな時代のいろいろな種類の粒が入っているはずであり、地域全体の化学組成を平均化していると期待できます。つまり、自然がいろいろな岩石を砕いた後、かき混ぜて平均化してくれたのが頁岩なのです。しかも、頁岩は堆積岩の70%も占めています。テイラー教授は、いくつかの特徴的な地域の頁岩を調べて、大陸上部地殻の平均組成はデイサイト組成であると主張しました。

さらにテイラー教授は下部地殻の平均組成も考え合わせ、大陸地殻全体の平均組成を計算し、SiO_2含有量が約60%の安山岩組成であるという結論を得ました。この計算結果については、表3－1を見ればおおよそのことはわかります。玄武岩（はんれい岩）組成の下部地殻とデイサイト組成の上部地殻を足して平均すれば、中間組成の安山岩組成になるでしょう。

とはいえ、大陸地殻全体の平均組成は本来それほど単純にわかるものではありません。実際は、中部地殻をつくる珪長質グラニュライトについても考え合わせる必要があるからです。しかしその後、数人の研究者らが異なる方法によって見積もったより厳密な大陸地殻の平均組成も、安山岩組成という結果になりました。このため、テイラー教授の主張した「大陸地殻の平均は安山岩組成説」は広く受け入れられています。

下部地殻の成因

地殻を構成する岩石の種類や平均組成がわかったので、ここからは、それぞれの岩石の成因について考えてみましょう。まずは下部地殻の成因についてです。

下部地殻をつくる苦鉄質グラニュライトは、地下深部での高温・高圧の影響を受けて変成した岩石ですが、元々は SiO_2 含有量が約50％のはんれい岩でした（表3－1）。大陸地殻を簡略化した図2－2（51ページ）において、はんれい岩が大陸地殻の下部を形成しているように描かれているのはそのためです。これは海洋地殻にも当てはまり、海洋地殻最下部のはんれい岩は変成を受けて角閃岩や苦鉄質グラニュライトになっています。いずれにせよ、地殻が形成される際、岩石は付随的に変成作用を受けます。したがって、これからは変成作用を無視し、元々の岩石であ

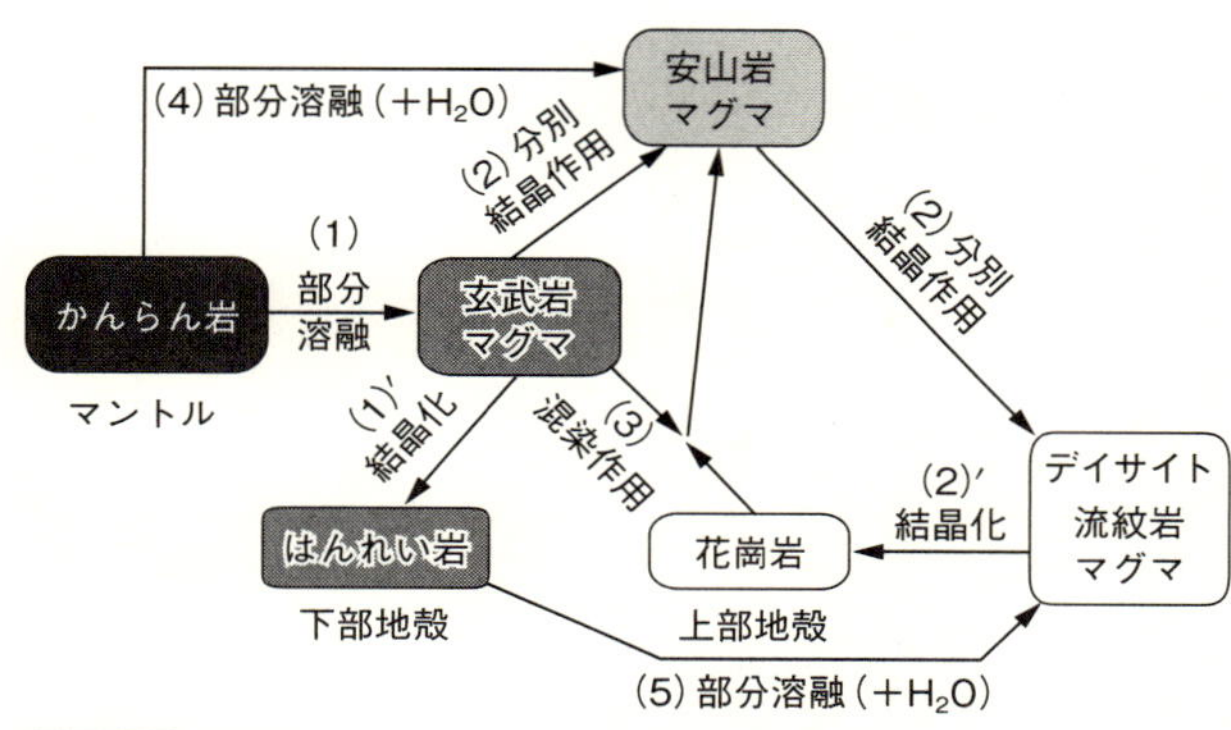

図 3-7 大陸地殻をつくる火成岩の生成プロセス。

る火成岩が生成するメカニズムに注目することにします。地殻を構成する火成岩の生成メカニズムを図３－７にまとめました。まずは、大陸地殻の下部をつくるはんれい岩の成因について解説します。

すでに何度か説明したように、かんらん岩の部分溶融による玄武岩マグマの生成（図３－７の⑴）と、それに続く地下深部での結晶化（図３－７の⑴′）という一連のプロセスにより、はんれい岩が形成されます。このことは古くから知られていました。海洋地殻をつくるはんれい岩も、マントルの部分溶融によって生じた玄武岩マグマに起源を持ちます。ただし、大陸地殻がつくられる場所は海洋地殻とは異なるという点が重要です。海洋地殻は中央海嶺で形成されているのに対し、大陸地殻の大部分は日本などの沈み込み帯でつくられるマグマに起源を持つのです。この違いについては次章で詳しく説明します。

安山岩の成因

大陸地殻の平均組成である安山岩は、単純にマントル物質であるかんらん岩を部分溶融させただけではつくれません。通常、部分溶融によってつくられるのは玄武岩やはんれい岩だけです（図3－7の(1)と(1)´）。そのため、安山岩をつくるためには、マントルの部分溶融の他に、少なくとももう一つ、別のプロセスを経る必要があります。

安山岩マグマをつくるメカニズムとして、古来より最も有力な方法として考えられているのが「分別結晶作用」です（図3－7の(2)）。分別結晶作用とは、冷却によりマグマの一部が固化して鉱物となり、密度の違いが原因でマグマの液体部と鉱物が分離してしまうプロセスです。通常、

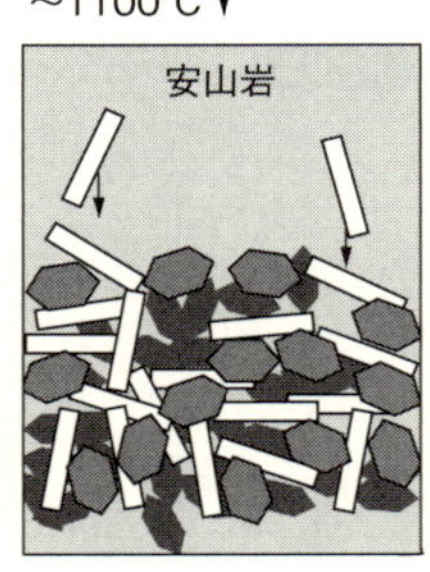

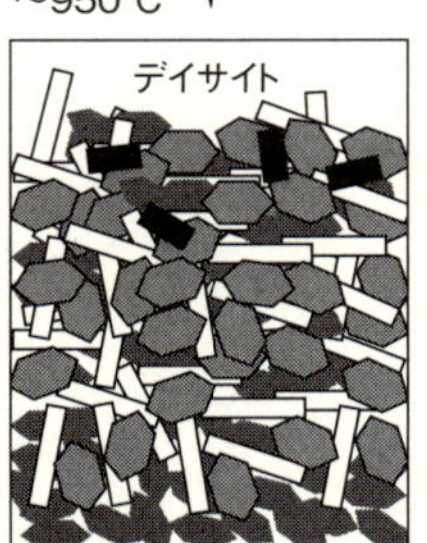

図3-8 分別結晶作用。

マグマよりも鉱物のほうが重いので、鉱物は下へ沈み、マグマが上澄みとして残ります。鉱物はマグマとは違う組成を持つので、上澄みマグマは元々のマグマとは違った組成を持つことになります。この組成の変化を「分化」とよびます。

また、鉱物によって結晶化する温度が異なるため、マグマが冷えていく過程では、段階的にさまざまな鉱物がつくられます。この模式図を図３−８に示しました。玄武岩マグマの温度は約１２００℃ですが、これが１１００℃程度になると分化が進み、上澄みマグマは安山岩組成になります。温度が９５０℃よりも低くなりさらに分化が進むと、上澄みマグマはデイサイト組成になります。

珪長質の岩石からつくられている下部地殻上部（中部地殻）や上部地殻は、このような玄武岩マグマの分化によって形成されたと考えられます。

混染作用と含水かんらん岩の溶融

安山岩をつくるメカニズムは分別結晶作用だけではなく、いくつも考えられています。実のところ、安山岩の成因だけで一冊の教科書が書けてしまうほどに、いろいろなメカニズムが考えられているのです。しかし、本書のテーマは安山岩の成因ではないので、代表的なメカニズムを、もう２つだけ紹介することにします。

1つ目は「地殻の混染作用」です（図3－7の(3)）。これは、玄武岩マグマが高温の熱によって花崗岩や珪長質砂岩を融かし込むというメカニズムです。花崗岩は SiO_2 含有量が多いので（97ページの表3－1）、玄武岩マグマが花崗岩を融かし込むと安山岩マグマに変化することは理解できると思います。苦鉄質な岩石よりも珪長質な岩石のほうが融けやすい（融点が低い）ので、玄武岩マグマが上部地殻に停滞してマグマ溜まりを形成すると、地殻の混染作用は容易に起こり、効率的に安山岩がつくられます。

2つ目は、水を含むかんらん岩が部分溶融するというメカニズムです（図3－7の(4)）。通常、マントルのかんらん岩に水はほとんど含まれないため、部分溶融は水のほとんどない状態で起きます。ところが、かんらん岩に水を加えて高圧で部分溶融させるという実験を行った研究者がいました。それは、日本の岩石学をリードしてきた東京大学の久城育夫教授です。久城教授は「ピストンシリンダ型高圧実験装置」とよばれる装置を用いて、30km以深の地殻内部を模した高圧条件を人為的につくり、その中でマグマをつくってきました。

久城教授がかんらん岩に水を加えて部分溶融させると、玄武岩ではなく安山岩マグマが生成しました。これは、安山岩をつくるメカニズムの発見として画期的でした。この発見以前は、少なくとも2段階のプロセスを経なければ（たとえば、図3－7の(1)と(2)）、マントルから安山岩をつくることはできないと考えられていたのに、たった1回の部分溶融だけで生成できることがわかったからです。

この発見により、安山岩マグマの成因論は大きく変わりました。日本などの沈み込み帯に噴出しているマグマの多くは安山岩組成なので、これらマグマの成因として含水マントルの部分溶融が有力視されるようになりました。

久城教授の発見は、大陸地殻の成因を調べている研究者らにも影響を与えています。大陸地殻の平均組成が安山岩だからです。研究者の中には、含水マントルの部分溶融が大陸地殻をつくる最も根本的なメカニズムである、と考える人もいます。

花崗岩の成因

さて、それではいよいよ、大陸地殻を代表する花崗岩の成因について説明していきましょう。花崗岩は単純なメカニズムではつくれません。図３－７を見れば明らかな通り、マントルから花崗岩をつくるためには、いくつかのプロセスを経る必要があります。

最も単純なプロセスは、マントルの部分溶融により玄武岩マグマが生じ（図３－７の⑴）、その後、分別結晶作用が進んで上澄みマグマがデイサイトや流紋岩質になり（図３－７の⑵）、地殻浅部で結晶化する（図３－７の⑵´）、というものです。ところが、分別結晶作用により生産される流紋岩マグマの量を計算してみると、玄武岩マグマの量の１％にも満たないという結果が出てしまいました。これでは、地殻上部に多量に存在する花崗岩をつくる方法としては説得力がありません。

多量の花崗岩をつくり得る方法としてもう一つ、マグマの熱が珪長質の堆積岩を融かすというアイデアがあります。地殻上部には堆積岩がたくさんあるので、多量の花崗岩を生産できそうです。

以上の2つのプロセスを考えて、花崗岩は古来より、堆積岩が融けたタイプと元々流紋岩質のマグマだったものが結晶化したタイプの2つに分類されてきました。堆積岩が融けたものは堆積物（Sediment）の頭文字をとってSタイプ、流紋岩マグマだったものは火成（Igneous）の頭文字をとってIタイプとよばれています。

地質学の中で岩石を調べる研究は「岩石学」とよばれます。岩石学の研究は大まかに玄武岩の研究と花崗岩の研究とに分けられます。私自身は玄武岩の研究が専門ですが、その理由は、玄武岩マグマの成因が単純でわかりやすいからです。これに対し、花崗岩の成因は複雑なため、真面目に考え始めると頭が混乱してしまいます。そのため、花崗岩学者の頭の中をのぞいてみたいと思っています。恐らく、さまざまな可能性を整理して考えることができるすぐれた思考回路をもっているはずです。

はんれい岩の部分溶融

大量の花崗岩をつくるのに最適なメカニズムとして、３つ目のプロセス、すなわちはんれい岩の部分溶融が考えられています。マントルでつくられた玄武岩マグマの高熱が下部地殻のはんれい岩を融かす、というアイデアです。図３-２（91ページ）の花崗岩は、このようにつくられることを想定して描かれています。

アメリカ地質調査所のシッソン博士らは、ピストンシリンダ型高圧実験装置を用いて、深さ20～25㎞に相当する圧力で約２％の水を含む玄武岩（はんれい岩と同組成）を溶融させました。彼らが８２５～８５０℃の温度で玄武岩を部分溶融させると、12％の部分溶融度で流紋岩組成のマグマが生成しました（図３-７の⑸）。このマグマが地殻上部まで上昇して結晶化すれば、花崗岩が生成されるはずです。

さらに高温で溶融させたときには、安山岩組成のマグマも生成しました。このようなマグマが中部地殻（下部地殻の上部）で結晶化すれば、閃緑岩ができます。そしてこれら深成岩が変成を受ければ、珪長質グラニュライトとなるでしょう（図３-２）。

つまり、はんれい岩の部分溶融は、上部地殻を代表する花崗岩をつくるだけでなく、中部地殻の岩石をも同時に生成するメカニズムなのです。これは、１つのプロセスのみで大陸地殻の多くの岩石をつくることができる、最も洗練されたアイデアといえるでしょう。

ただし、大陸地殻は40億年もの間、部分溶融、結晶化、変成、堆積岩化を何度も繰り返して成長してきたものなので、こんなに単純なプロセスだけですべてを説明することはできないと考えるべきです。実は、大陸地殻の成因をきちんと理解するためには、はんれい岩が部分溶融して花崗岩質マグマが生じた際の融け残り岩石（沈積岩とよばれる）が、地殻から剝がれてマントル深部へ落ちていくという、ダイナミックなメカニズムも考えなければなりません。そこで次章では、大陸地殻の成長史を含めたもっと詳しい解説をしていきます。

第4章 大陸形成の歴史

そもそも大陸はどのように形成したのだろうか？　そして、長い地球史の中でどのように成長してきたのだろうか？　これらの疑問は古来より地質学の研究テーマであった。しかし、いまだに解明されていない難問である。これまでの地質学者らの研究成果を振り返り、これらの難問について考えてみよう。

4-1 大陸地殻の年齢

地質年代

本章では、40億年間にもおよぶ大陸地殻の形成史について説明します。ただその前に、地球の歴史が複数の地質年代に分けられていることについて話します。それぞれの年代用語を使うと大陸地殻の形成史を理解しやすいからです。

「ジュラ紀」や「白亜紀」という時代の名前を聞いたことがあると思います。これらは地球史の中では比較的新しい時代であり、各地層に含まれる化石の種類の違いによって区分されています。地層から産出する化石は、地質年代区分の重要な基準です。さらに古い時代の地層では、あるところから化石がまったく見つからなくなりますが、ここも地質年代の大きな境目とされています。化石がたくさん出始める時代を「カンブリア紀」、それ以前を「先カンブリア時代」とよびます。その境目は約5億4100万年前と推定されています。

ところが、この区分では、40億年にわたる大陸地殻の形成史の大部分が先カンブリア時代に入ってしまいます。そこで先カンブリア時代を、46億〜40億年前の冥王代(めいおうだい)、40億〜25億年前の太古代、25億〜5億4100万年前の原生代の3つに分け、カンブリア紀以降の時代を顕生代(けんせいだい)とする方法もあります。大陸の成長史を考える場合、カンブリア紀以降の細かい時代区分よりも冥王代、太古代、原生代、顕生代の4つからなる大まかな分け方のほうが便利です。ここではこの区分を用いることにします。では、この地質年代区分にはどのような基準があるのでしょうか。

すでに述べたとおり、顕生代（カンブリア紀以降）と原生代の境界は化石の有無によって決められています。一方、冥王代から原生代までの時代の境界は、現在の地球で見つかる岩石の量によって決められています。当然、新しい年代の岩石のほうが多く見つかります。おおざっぱにいえば、現在の地球である程度岩石が存在する時代が原生代、ほとんどないけれど少しは存在するのが太古代、そしてまったく岩石が見つからないのが冥王代です。

今のところ、疑いなく40億年以上前（冥王代）に形成されたといえる岩石は発見されていません。先に大陸地殻の形成史の長さを40億年と書いたのは、これが理由です。冥王代にも大陸地殻がつくられていた可能性はありますが、その証拠となる岩石が見つかっていないのが現状です。

岩石の年代を知る方法

大陸の形成史を知るうえで、地層の年代は基本となる情報です。現代では、顕生代の地層の年代は含まれる化石の種類から決められますが、昔は違いました。古来より、地質学者らは、下の地層に含まれる化石が古く、上の地層に含まれる化石が新しいということはわかっていました。しかし、それぞれの化石が何年前に堆積したかを知る術（すべ）を持ちませんでした。化石の正確な年代は、それを含む地層（岩石）中の放射性元素を調べることにより、初めて決められるようになったのです。

　放射性元素とは、少しずつ壊れて別の元素に変化していく元素です。岩石の年代を知るために使われる代表的な放射性元素であるウラン（Ｕ）は、壊れて鉛（Pb）になります。

　Ｕにはいくつかの種類がありますが、年代を知るために重要なのは^{235}Uと^{238}Uです。^{235}Uの原子１モル（６・０２×10^{23}個）の質量は２３５ｇ、^{238}Uは１モルで２３８ｇの質量があり、この^{235}Uと^{238}Uの関係を同位体とよびます。同位体は多くの元素に存在し、地球の年代や起源を理解するうえで重要な役割を果たしてきました。多くの元素は放射性同位体と放射性ではない同位体（安定同位体）の両方を持っています。

　^{235}Uと^{238}Uはいずれも放射性同位体です。地球史において、岩石中に含まれる^{235}Uは徐々に壊れて^{207}Pbに変化してきました。また^{238}Uも壊れて^{206}Pbに変化してきました。^{207}Pbや^{206}Pbは、^{235}Uや^{238}Uが壊れた分だけ増加してきたのです。この様子を図４－１Ａに表しました。

　放射性同位体の数が半分になるのにかかる時間は「半減期（はんげんき）」とよばれています。半減期は同位体ごとに決まっており、一定の値を持ちます。^{235}Uでは7億年、^{238}Uでは45億年です。図４－１Ａを見て、^{235}Uの量が１００%から50%（半分）まで減ったのが7億年後であることを確認してください。これに対し、^{238}Uの半減期は45億年と長いので、30億年経っても60%以上が残っています。

ウラン－鉛年代

図４－１Ａを見ると、時間とともに^{235}Uは減少し、^{207}Pbは増加しています。^{235}Uが^{207}Pbに変化するからです。同様に^{238}Uは時間とともに減少し、^{206}Pbは増加しています。すると、^{206}Pbと^{238}Uの量比（^{206}Pb／^{238}U）は年代とともに増加していくはずです。これを示したのが図４－１Ｂです。同様に、^{207}Pbと^{235}Uの量比（^{207}Pb／^{235}U）も年代とともに増加していくはずです。この２つの同位体比の関係を描くと図４－１Ｃが得られます。^{207}Pb／^{235}Uと^{206}Pb／^{238}Uは時間とともにこの曲線に沿って増加していくのです。

したがって、ある岩石の^{207}Pb／^{235}Uと^{206}Pb／^{238}Uを分析し、曲線のどのあたりにくるかがわかれば、その岩石の年代を決められます。たとえば、ある岩石の分析をし、図４－１Ｃに結果を記入したとき、^{207}Pb／^{235}Uの比が1だった場合を見てみましょう。これは図４－１Ａで、^{235}Uが50%まで減少し、^{207}Pbが50%まで増加したとき（50%÷50%＝1）、つまり岩石が形成されてから^{235}Uの半減期の長さだけ経過した時点に相当します。前項で書いたように、^{235}Uの半減期は7億年でした。実際、図４－１Ｃで^{207}Pb／^{235}Uが1のときの年代は7億年であることを確認してみてください。

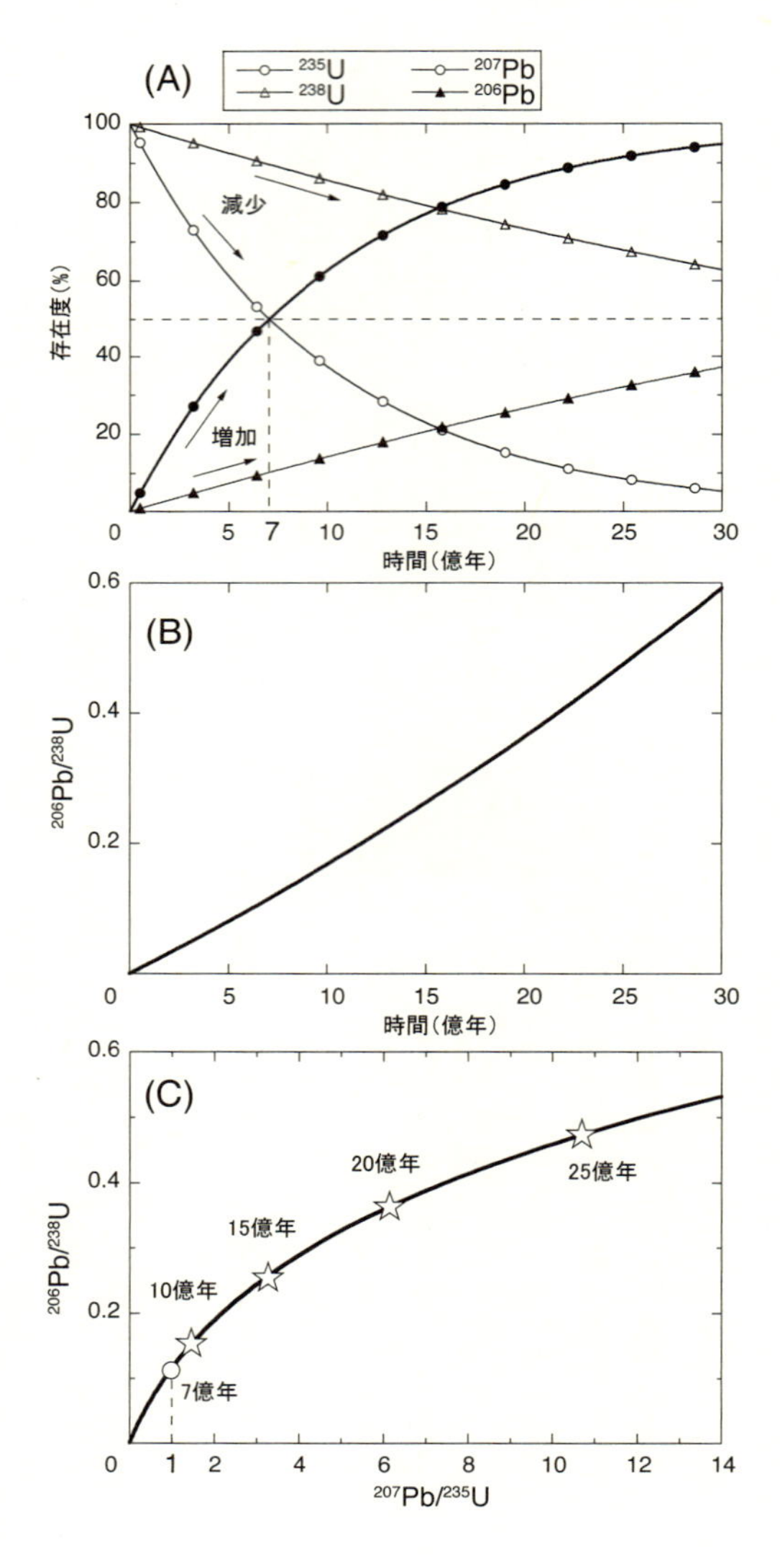
(A)
235U
238U
207Pb
206Pb
存在度(%)
減少
増加
時間(億年)
(B)
206Pb/238U
時間(億年)
(C)
206Pb/238U
7億年
10億年
15億年
20億年
25億年
207Pb/235U

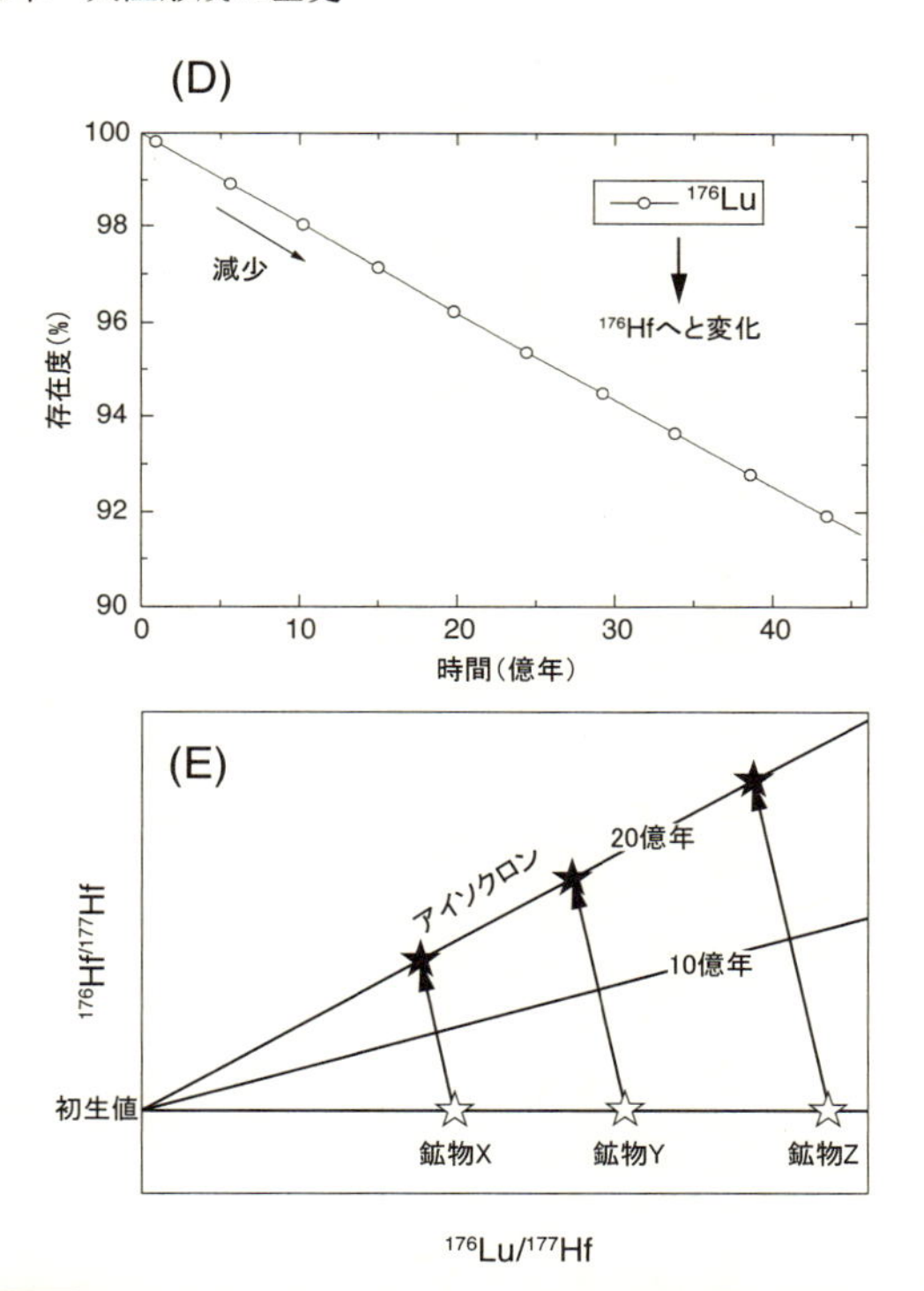

図 4-1 岩石の年代を決めるための放射性元素の利用例。(A) 時間とともに^{235}Uと^{238}Uが壊れて、それぞれ^{207}Pbと^{206}Pbへと変化する様子。(B) ^{238}Uと^{206}Pbの同位体比の時間変化。^{235}Uと^{207}Pbについても同様の図が描ける。(C) $^{207}Pb/^{235}U$と$^{206}Pb/^{238}U$を利用した年代推定法。(D) 時間とともに^{176}Luが壊れて、^{176}Hfへと変化する様子。(E) アイソクロン法による年代推定法。３種類以上の鉱物に関する$^{176}Lu/^{177}Hf$と$^{176}Hf/^{177}Hf$の２つの同位体比を利用する。

このように^{207}Pb／^{235}Uと^{206}Pb／^{238}Uを使って決めた岩石の年代を「ウラン―鉛（U―Pb）年代」およびます。ほかの放射性同位体を用いて岩石の年代を決める方法もいくつかありますが、U―Pb年代は最も信頼できる値とみなされています。その理由は、1つの試料について、^{207}Pb／^{235}Uと^{206}Pb／^{238}Uの2つの同位体比を使った2つの年代が求まるからです。もし岩石の形成後に風化や変成作用などを受けて化学組成が変化してしまうと、図4-1Aの曲線上から外れたところに分析点がきてしまいます。すると、この岩石の年代は信頼できません。しかし2つの比が図4-1Cの曲線の上で一致すると、年代の信頼性が高くなります。他のよく使われている年代測定法では、1つの同位体比だけから年代を決めているため、変成の効果などをチェックできません。そのため、U―Pb年代にくらべると信頼性は低いのです。

なお、「半減期は同位体ごとに決まっていて一定の値を持つ」と書きましたが、^{235}Uや^{238}Uのように半減期の長い放射性同位体については、これが本当かどうかは確かめられていません。結局のところ、真の年代はわからないのです。とはいえ、2つの比から求めた年代が一致すれば、その値の信頼性は高いといえます。

ジルコン年代

前項で、1つの試料について2つのU―Pb年代が求まることを説明しました。ただし、この方法が適用できるのは、Uが多く含まれる岩石に限られます。さらに、マグマが固まって岩石になったとき（岩石が生成したとき）、含まれるPbの量が0という特殊な岩石に対してしか使えません。図４－１Aは、この特殊な岩石の同位体存在度の時間変化を示しています。岩石が元々Pbを含んでいると、分析した値を見て、岩石の生成時からPbが何％増加したのかを知ることができないからです。もちろん、岩石が生成したときのPbの含有量がわかっていればよいのですが、それを知るには生成した直後に分析しなければなりません。当然、そんなことは不可能です。そして残念なことに、生成時にPbを含まない岩石はほとんど存在しません。

ただし、岩石に含まれる鉱物の中には、Uを多く含み、形成時にPbの含有量がほとんど0のものがあります。鉱物とは岩石をつくる一つひとつの粒であり、たいていは複数の種類の鉱物が集合して一つの岩石をつくっています。Uを多く含み、形成時にPbの含有量がほとんど0である鉱物の代表が「ジルコン」です。

ジルコンはU—Pb年代を精度よく決められるだけでなく、風化にとても強いという利点があります。マグマから鉱物が結晶化してから（鉱物が生成してから）長い年月が経つと、多くの鉱物は風化によって分解し別の鉱物になってしまいます。ところがジルコンは何億年経っても分解しません。大陸の形成など古い時代の出来事を知るうえで、ジルコンは理想的な鉱物といえます。

アイソクロン年代

ジルコンは珪長質な岩石に特徴的に含まれる岩石で、そのため、大陸地殻をつくる花崗岩や堆積岩に多く見つかります。一方、苦鉄質な岩石にはほとんど含まれず、海洋地殻をつくる玄武岩からは見つかりません。つまり、ジルコンを利用して海洋底の年代を知ることはできないということです。では、ジルコンを含まない岩石の年代はどのように求めればよいのでしょうか。

そもそも、ジルコンを使ったU－Pb年代が数多く報告され始めたのは21世紀に入ってからのことです。それ以前は岩石の年代として、「アイソクロン年代」が報告されていました。ここでは、アイソクロン年代の求め方について、図４－１Ｄ・Ｅを使って説明していきます。

アイソクロン年代はいろいろな放射性同位体を用いて求められてきましたが、ここでは^{176}Lu（ルテチウム）を用いる方法（Lu－Hf法）を紹介します。^{176}Luは３５７億年という非常に長い半減期を持つ放射性同位体で、崩壊してハフニウムの安定同位体^{176}Hfへと変化します（図４－１Ｄ）。ただし、分析の制約上、^{176}Luや^{176}Hfの存在度を知ることは難しく、いずれもハフニウムのもう一つの安定同位体^{177}Hfとの比（すなわち^{176}Lu／^{177}Hfと^{176}Hf／^{177}Hf）として測定されます。

それでは、図４－１Ｅを使って、アイソクロン年代の求め方を説明していきます。アイソクロン年代を求めるためには、岩石に含まれる鉱物を少なくとも3種類分析する必要があり、この図には、鉱物X、Y、Zの分析結果を示しました。

同じ岩石を構成する鉱物は同じマグマから結晶化したものなので、岩石が生成した時点ではどの鉱物も等しい^{176}Hf／^{177}Hf値を持ちます。この値を「初生値」とよびます。一方、同じマグマから結晶化した鉱物であっても、^{176}Lu／^{177}Hf値は等しくはなりません。したがって、岩石生成時の各鉱物の^{176}Lu／^{177}Hf値と^{176}Hf／^{177}Hf値の関係をプロットすれば、図の☆のようになります。

岩石生成後、時間とともに^{176}Luは崩壊し^{176}Hfになっていきます。もう一つの安定同位体^{177}Hfは、それが増加するプロセスが存在しないため、岩石生成時から変化しません。したがって、いずれの鉱物においても、^{176}Lu／^{177}Hf値は一定の割合で減少し、^{176}Hf／^{177}Hf値は増加していくことになります。これは、図４－１E上では左上に向かって動くということです。たとえば、岩石生成から20億年後の各鉱物の同位体比をプロットすれば、図の★のようになります。これら３つのプロットは直線上に並び、その直線をアイソクロンとよびます。アイソクロンの傾きは岩石生成直後に０を示します（図の３つの☆が真横に並ぶ）が、時間とともに大きくなっていきます。したがって、岩石試料のアイソクロンの傾きさえ求めれば、その岩石の年代を推定できるのです。このようにして推定された岩石の年代をアイソクロン年代といいます。

このような方法で、さまざまな岩石について年代が見積もられてきました。ただし、Lu－Hf法は比較的新しい年代測定法で、U－Pb法と同様に、今世紀に入ってから多くのデータを提供して

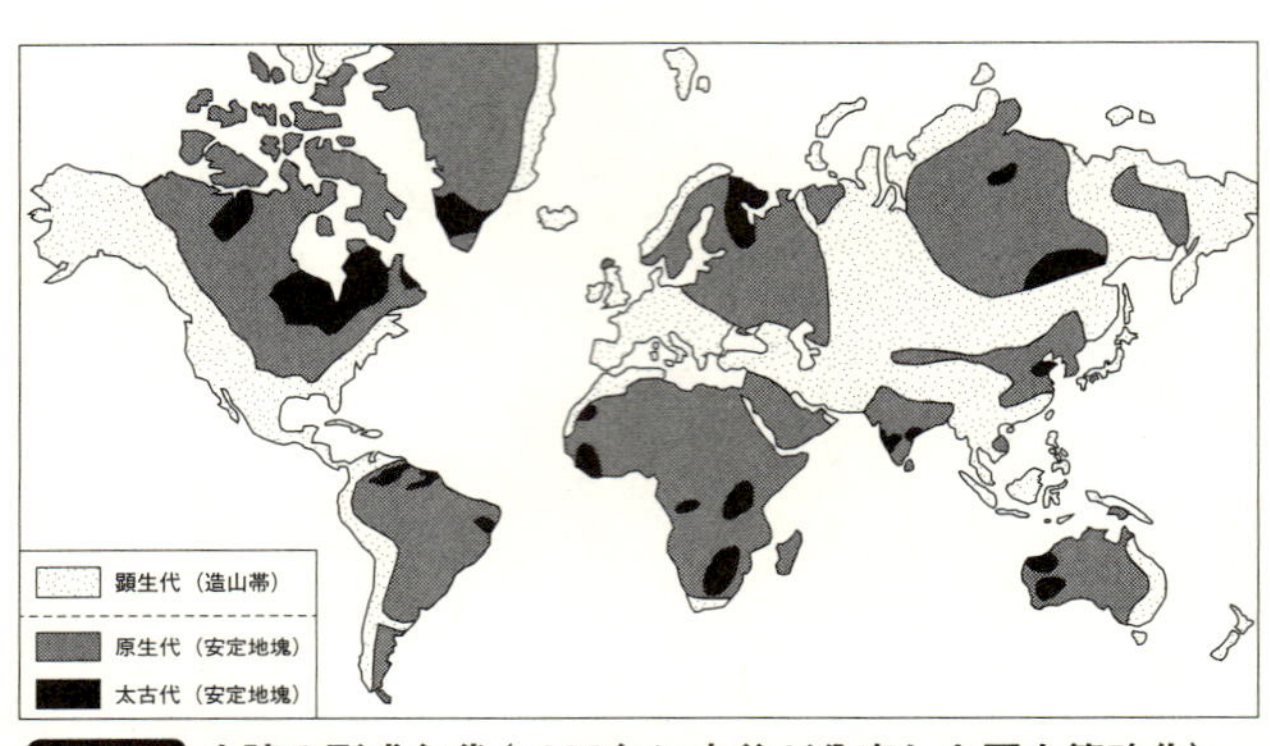

図4-2 大陸の形成年代（1988年に水谷が公表した図を簡略化）。

きました。それまでよく利用されてきたのは、^{87}Rb（ルビジウム）から^{87}Sr（ストロンチウム）への崩壊を利用するRb─Sr法、^{147}Sm（サマリウム）から^{143}Nd（ネオジウム）への崩壊を利用するSm─Nd法、^{40}K（カリウム）から^{40}Ar（アルゴン）への崩壊を利用するK─Ar法などです。

これらの年代測定法により、大陸の各地の岩石の年代がわかってきました。次項で、これまでに明らかになった大陸地殻の形成年代について説明します。

安定地塊と造山帯

第1章のランゲリア地塊のところで少し触れましたが、古い大陸地殻を安定地塊とよびます。安定地塊は安定大陸またはクラトンとよばれることもあります。これは古い大陸地殻であり、太古代や原生代に形成されたものです。安定地塊の分布を図4－2に示します。これを見ると、陸の50％以上は安定地塊であることがわかります。

一方、顕生代に形成された大陸は造山帯とよばれています。これらは、大陸どうしの衝突によって隆起したり、沈み込み帯での火山噴火によって新しくつくられたりした大地です。造山帯は変動帯とよばれることもあります。第1章で紹介したランゲリア地塊も、顕生代に巨大海台が北アメリカ大陸に衝突して付加した大地です。そして日本は、その全体が造山帯です。

4-2 大陸の形成モデル

太古代と原生代以降の違い

大陸地殻を代表する岩石は花崗岩であることを、これまでに何度か説明しました。ただしこれは、原生代や顕生代などの比較的新しい時代につくられた大陸地殻にしかあてはまりません。

第3章で簡単に述べましたが、25億年以上前、すなわち太古代に形成された大陸地殻は、花崗岩ではなく主にトーナル岩（tonalite）でできていました。また、太古代の大陸地殻をつくる深成岩として、トロニエム岩（trondhjemite）と花崗閃緑岩（granodiorite）も知られています。地質学の世界では、これら3つの岩石の頭文字をとって「ＴＴＧ」と総称することもあります。

これら3種類の違いを理解するにはかなりマニアックな知識が必要となり、本書の解説レベルを超えます。以下では区別せず、TTG＝トーナル岩とみなすことにします。

トーナル岩はアルカリ成分が低く、カリ長石が含まれない花崗岩です（94ページの図3－3参照）。この岩石はどのようにつくられたのでしょうか？　これに答える形成モデルを図4－3に示しました。これは、大陸の平均組成を推定したオーストラリア国立大学のテイラー教授が描いた絵です。

まずは図4－3Bの太古代の大陸形成モデルを見てください。太古代はアセノスフェアがまだ熱かったため、激しく対流していたはずです。海洋プレートも熱く、その水平方向の運動は今よりも速かったと考えられています。したがって、沈み込み帯では、まだ若くて冷えきっていない海洋プレートが大陸の下へ沈み込んでいました。このような熱い海洋プレートの上部をつくる海洋地殻が深さ50㎞もの地下深部へ到達すると、融点よりも高温となり、部分溶融が起きます。この部分溶融によってつくられたマグマがトーナル岩組成を持つことは、岩石の溶融実験により明らかになっています。つまり、太古代の大陸地殻は大陸の下へ沈み込んだ海洋地殻が部分溶融することにより形成された、と推定されているのです。

これに対し、原生代になるとアセノスフェアは冷え、海洋プレートの水平移動もゆっくりとなりました。図4－3Aの右図に表したように、大陸の下へ沈み込む海洋地殻は古くて冷えている

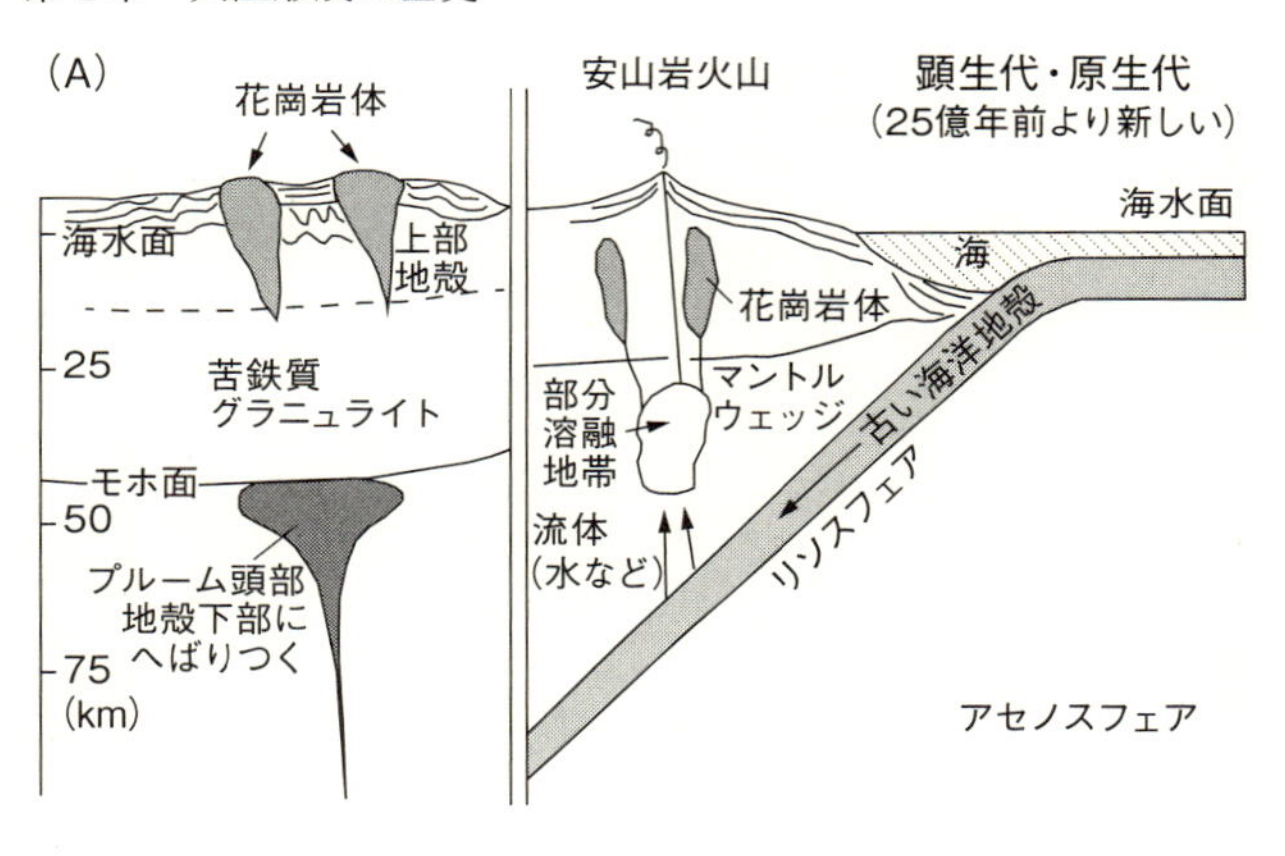

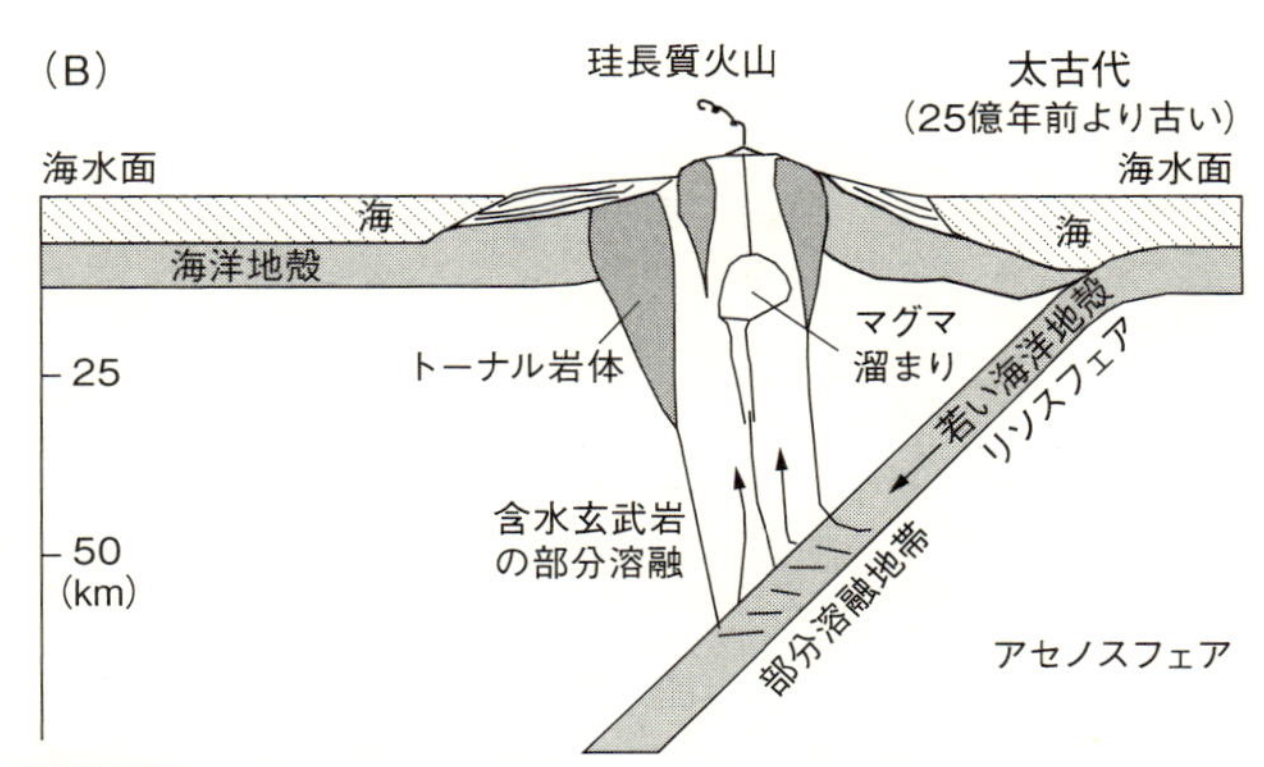

図 4-3 (A) 顕生代・原生代と (B) 太古代の大陸形成モデル(1995年にテイラー＆マックレナンが公表した図を簡略化)。

ため、地下深くに到達しても部分溶融することはありません。その代わり、地下深部で水などの流体を上方に吐き出します。この水は、海洋地殻中で形成された含水鉱物に由来します。海洋地殻は海底にあるため、海水と反応して結晶構造中に水（水素）を取り込んだ鉱物が形成されるのです。しかし地下深部へ沈み込んで圧力が高くなると、含水鉱物は水を保持できなくなり、水と無水鉱物に分解します。この分解により放出される水は軽いため、マントル中を上昇していきます。

沈み込んだ海洋地殻の上にあるマントル部分はくさび状となっており、「マントルウェッジ」とよばれています。「ウェッジ（wedge）」とは「くさび」を意味します。このマントルウェッジの中央部（図4－3Aの部分溶融地帯）は高温で、上昇してきた水が加わると部分溶融します。第3章で紹介したように、含水マントルが部分溶融すると安山岩マグマが生産され、これが大陸地殻の材料となるのです。

このように、太古代と原生代以降では、沈み込み帯でのマグマ生成メカニズムは異なります。そのために、それぞれトーナル岩と通常の花崗岩という異なる材料からなる大陸地殻がつくられてきたのです。

沈み込み帯起源とプルーム起源

図４－３Ａの右図については前項で説明しました。ここからは、左の図に注目してください。大陸地殻をつくる岩石の大部分は沈み込み帯で発生したマグマが固化したものですが、一部は地下深部から上昇してきた熱い物質に起源を持ちます。この熱い上昇流は「プルーム」とよばれています。図４－３Ａの左図に入道雲のような形で描かれているのがプルームです。上昇したプルームはリソスフェアに衝突し、部分溶融してマグマを生産します。このマグマは大陸地殻の下へ付け加わり固化すると考えられています。

このように大陸地殻が沈み込み帯起源とプルーム起源の2種類のマグマからつくられたことは、大陸地殻の化学組成を調べることによりわかってきました。その調査結果を図４－４に示します。この図には、第3章で紹介した方法によって推定された大陸の下部地殻と上部地殻の組成が示されています。第3章では話を簡単にするために、SiO_2含有量のみに注目しましたが、実は、さまざまな元素について大陸地殻の組成は推定されているのです。

図４－４には大陸地殻（上部および下部）、プルーム成分、沈み込み帯成分についてニオブ（Nb：縦軸）とストロンチウム（Sr：横軸）の濃度の関係を示してあります。なお、Nbの濃度はランタン（La）、Srはネオジウム（Nd）の濃度との比で表しています。少し複雑に感じるかもしれませんが、このようにマグマの起源物質を調べる際は、元素濃度の比を使うのが一般的です。その理由は、マントルが部分溶融してマグマが生成するときに、NbやSrなどの元素濃度が大きく

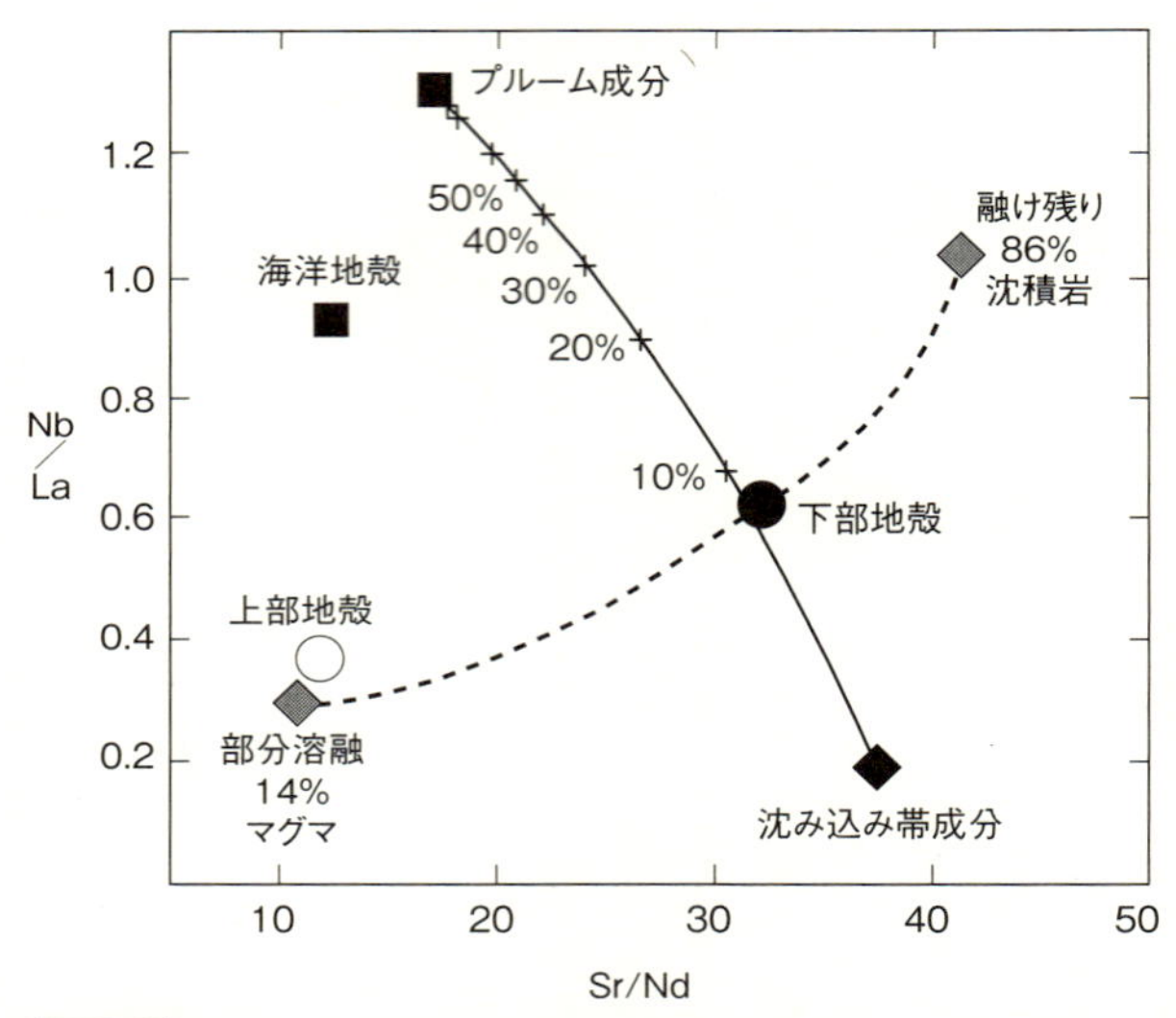

図 4-4 沈み込み帯成分92%とプルーム成分８%の混合で下部地殻をつくるモデル（2006年にホークスワース＆ケンプが公表）。

変化してしまうからです。ただし、部分溶融時にLaやNdはNbやSrとほぼ同じ割合でマグマ中に濃集します。したがって、これらの比をとることで、部分溶融の効果を消し、融ける前のマントルの情報を得られるのです。

図4－4を見ると、下部地殻はプルーム成分と沈み込み帯成分の中間的な組成を持つことがわかります。また、プルーム成分と沈み込み帯成分は曲線で結ばれていますが、これは、この2つの成分を、割合を変化させながら混ぜ合わせたときの組成の変化を表します。曲線上に示されている10％や20％などの数字は、沈み込み帯成分にプルーム成分を混ぜた割合です。この曲線と下部地殻のプロッ

トの位置関係から、沈み込み帯成分に約8％のプルーム成分を混ぜると下部地殻の組成を再現できることがわかります。つまり、大陸の下部地殻は92％の沈み込み帯起源物質と8％のプルーム起源物質の混合物であると推定できるのです。

デラミネーション

図4－4には大陸形成に関する別の情報も含まれています。それは、下部地殻が融けて上部地殻が生じる際の部分溶融度です。下部地殻が部分溶融して14％のマグマと86％の融け残り沈積岩の2つに分離していることを確認してください。14％部分溶融マグマの組成と上部地殻の組成はよく似ています。これは第3章で説明したように、下部地殻を構成するはんれい岩が部分溶融し、上部地殻を代表する花崗岩がつくられることを表しています。なお、部分溶融マグマのSr／Ndが小さい理由は、斜長石が融け残り、Srがマグマ中に入らないためです。Srは斜長石に多く含まれる元素として知られており、斜長石は融け残りの沈積岩に多く含まれると考えられています。

このように下部地殻を部分溶融させて上部地殻をつくるというアイデアは、化学組成をうまく説明してくれます。ところが、よく考えると、次のような問題があることに気がつきます。

もし14％部分溶融したマグマが固化して上部地殻になるとしたら、残りの86％の沈積岩が下部地殻を形成します。この部分溶融度が地殻の厚さに反映されると単純に考えれば、下部地殻の厚さは60㎞を超えます。この厚さが問題です。これは、第3章の図3-2(91ページ)で示した地震波観測にもとづく見積もり(上部地殻の厚さが10〜15㎞で、地殻全体の厚さが35〜40㎞)を大きく上回ってしまうのです。

このギャップを説明するために、下部地殻の一部はマントルへ落ちた、と考える研究者がいます。部分溶融後に融け残った沈積岩に多く含まれる斜長石は、アルミニウムに富む鉱物です。アルミニウムは地殻深部でざくろ石とよばれる密度の高い鉱物をつくることが知られています。したがって、下部地殻の沈積岩の中にはざくろ石を多く含むものが生じ、それらはマントルの岩石より重いため落ちていく、というわけです。このプロセスを「デラミネーション」といいます。

デラミネーションは、リソスフェアのマントル部分と下部地殻の下部がアセノスフェアへ落ち込む、というモデルです。このモデルの2つの模式図を図4-5に示しました。図4-5Aはケンブリッジ大学(イギリス)のマッケンジー教授とオナイオン教授が描いた図です。プレートどうしの押し合いにより大陸が分厚くなると、リソスフェア下部が重くなり、下へ落ちていくというモデルです。このリソスフェアは薄く引きちぎられた層となって上部マントルの最下部を移動した後、上昇するプルームに巻き込まれます。そしてアセノスフェア最上部まで上昇してマグマとなり、噴火して海洋島をつくる、という壮大なアイデアです。

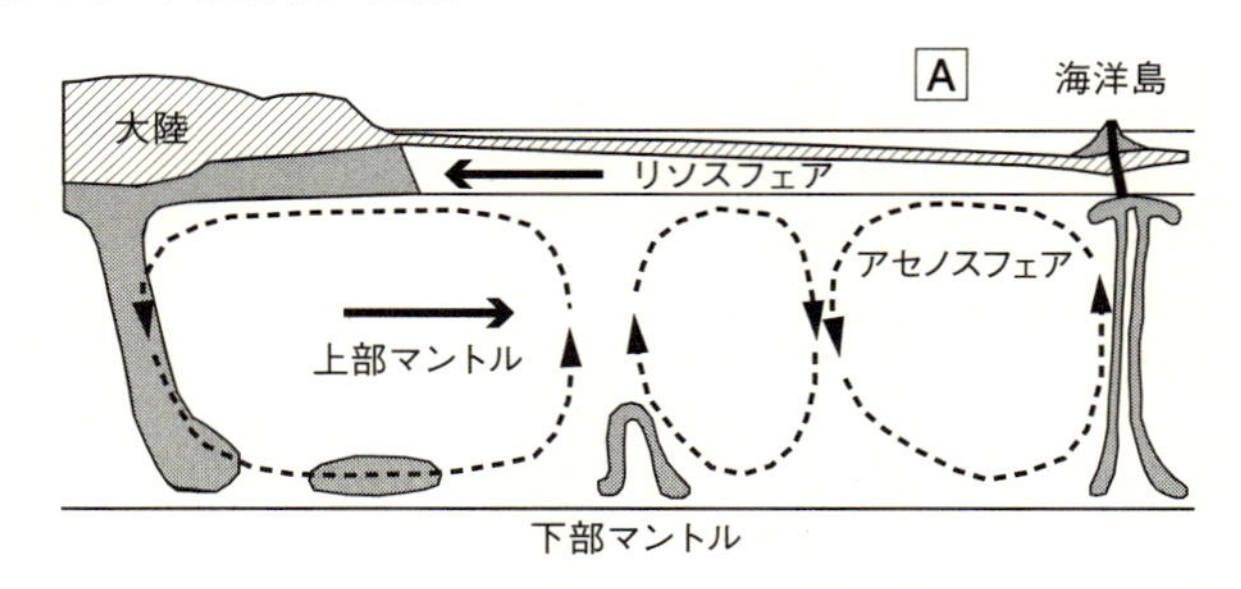

図 4-5 デラミネーションモデル。(A) 1983年にマッケンジー&オナイオンが公表。(B) 1990年に久城が公表。

図４－５Aはとてもわかりやすいのですが、少しおおざっぱな絵に見えます。私個人としては、図４－５Aよりも図４－５Bのほうが、実際に地下深部で起きているデラミネーションを的確に表していると思います。これは久城教授の描いた図です。

第３章で紹介したように、久城教授は含水マントルを部分溶融させて安山岩マグマをつくりました。このマグマは地殻組成にくらべるとマグネシウム成分に富む、という特徴を持ちます。つまり、安山岩マグマから地殻をつくるにはマグネシウム成分を取り去らなければなりません。

そこで久城教授は、分別結晶作用が起き、かんらん石を主とする鉱物がマグマから沈積したと考えました。かんらん石はマグネシウムを多く含む鉱物だからです。このかんらん石を主とする沈積岩が地殻の最下部に溜まる様子を描いたのが図4－5Bの「超苦鉄質沈積岩」と書かれた部分です。この超苦鉄質沈積岩は複数の欠片となってアセノスフェアの対流に乗り、地下深部へ運ばれます。これはつまり、もう一つのデラミネーションモデルです。

4-3 大陸の成長史

まったく違うさまざまな大陸成長説

それでは、年代とともに大陸がどのように成長していったのかを見てみましょう。図4－6に、著名な4人の研究者たちがそれぞれ提案した大陸の成長史を示しました。これは、現在の大陸地殻の体積を100％とし、各時代の大陸の成長率を表したものです。

一見しただけで、4つの成長史に大きな違いがあることに気がつきます。地質学の世界では、各研究者の主張がこれだけ大きく異なることはまれです。つまり、大陸の成長史は、地質学にお

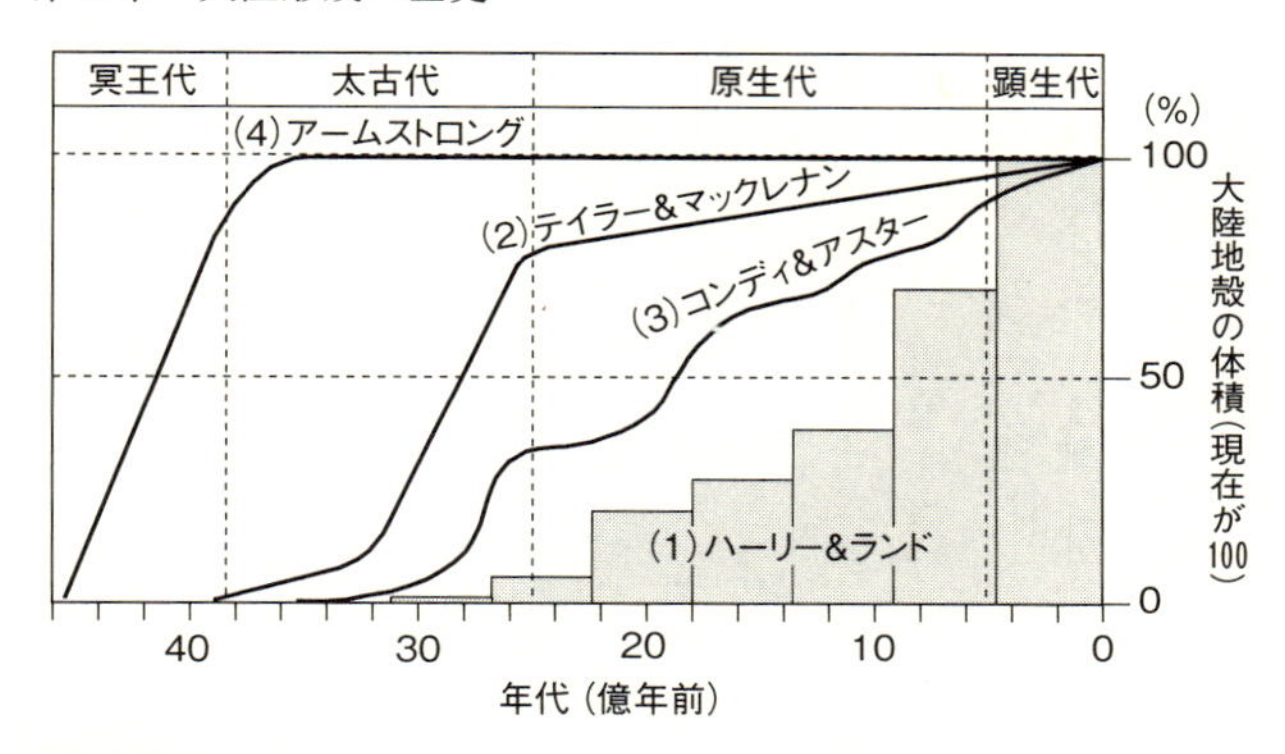

図 4-6　大陸の成長モデル。(1) 1969年にハーリー＆ランドが提案。(2) 1985年にテイラー＆マックレナンが提案。(3) 2010年にコンディ＆アスターが提案。(4) 1968年にアームストロングが提案。

いて最も解明が進んでいない問題の一つなのです。実は、ここに示した以外にも10以上の提案があるのですが、すべてを示すのは混乱のもとなので、代表的な４つの説に限定しました。

４つの成長史はまったくの別物ですが、１つ共通点があります。それは、顕生代以前に大陸地殻の70％以上がつくられていることです。このため、大陸地殻の成長史を考える場合、顕生代はそれほど重要ではなく、冥王代から原生代に形成された大陸地殻を見る必要があります。

それにしても、４つの成長史はどうしてこんなにも違うのでしょうか。その理由を知るために、次項からは、それぞれの成長史について解説していきましょう。

大陸の年代分布

大陸の成長史を知るうえで、まず重要なのは、世界中に分布する岩石の形成年代を知ることです。それに挑んだ研究者がマサチューセッツ工科大学（ＭＩＴ、アメリカ）のハーリー教授でした。彼は、放射性同位体を使って大陸移動の歴史や大陸成長に関する先駆け的な研究を行った研究者として知られています。

１９６９年、ハーリー教授はアメリカの著名な科学雑誌に「漂流前の大陸の集中」という論文を掲載しました。この論文は、それまでにさまざまな研究者らが報告していた各大陸の岩石の年代を網羅的に調べあげ、まとめて考察するというものでした。対象としたのは、南北アメリカ、アフリカ、ヨーロッパ、インド、オーストラリア、南極の岩石です。残念ながら、ソ連（現在のロシアやウクライナなど）と中国に関しては、報告されている岩石の正確な位置情報がわからなかったため、対象から外されました。当時は、アメリカをはじめとする西側諸国とソ連を中心とする東側諸国とが敵対していた冷戦時代にあたり、科学の世界においても西側諸国が東側諸国の情報を得ることは難しかったのです。

この論文の主な目的は、大陸移動の歴史を議論することでした。ハーリー教授の主張は、「現在、安定地塊は世界中にバラバラに分布しているが（１３６ページの図４‐２参照）、約２億年前のパンゲア超大陸を再現すると、古い時代（17億年前）に形成された安定地塊は北半球の1ヵ所と南半球の1ヵ所、合計2ヵ所に集中する」というものでした。論文のタイトルがこの主張を端的に表しています。

この論文の中でハーリー教授は、大陸の成長史に関する重要なデータも報告しています。それは、世界中で測定された岩石の年代の頻度分布です。図4‐6にヒストグラムとして示しました(1)ハーリー&ランド）。約30億年前から現在にいたるまで、大陸の体積はほぼ一定の割合で増加していることがわかります。これは大陸の成長史を議論するうえでの基本データであり、現在も世界中の研究者らに引用されています。

太古代に急成長説

大陸地殻の平均組成を推定したテイラー教授は、大陸の成長史についても重要な研究成果を報告しています。彼は、図4‐3（139ページ）に示したように、太古代と原生代以降では大陸地殻のでき方が違うことに注目しました。そして、太古代と原生代の区切りである25億年前を境にして、大陸の成長速度が変化したと考えました。彼が提案した大陸形成モデルは図4‐6の(2)テイラー&マックレナンと書かれた曲線です。約33億～25億年前（太古代）に大陸が急激に成長しているのに対し、25億年前以降の成長はゆっくりです。

では、このように大陸の成長速度が太古代と原生代以降で違うとすれば、それはなぜでしょうか。残念ながら、テイラー教授の論文では、その明確な理由が説明されていません。しかし、その後の研究により、ある程度納得のいく説明がなされています。それは、大陸の成長速度は太古代も原生代以降も変わらないが、大陸の消滅速度が原生代以降に増大したというものです。大陸地殻は沈み込み帯で発生したマグマが地殻へ付け加わることで成長しますが、下部地殻の一部はデラミネーションにより削られてしまいます。削られた欠片は、沈み込む海洋プレートとともにマントル中へ消えていきます。原生代以降はプレートテクトニクスによる沈み込み運動が確立し、多量の大陸地殻をマントルへ引きずり込むようになった、という考えです。

段階的成長説

3つ目の説として、「特定のいくつかの期間に集中して大陸が成長してきた」という提案もあります。つまり、大陸は段階的に成長を繰り返して今の大きさになった、という考えです。この成長モデルは、図4-6において、(3)コンディ&アスターと書かれている曲線で示しました。

コンディとは、このモデルを主張してきた代表的な研究者の名前です（アメリカ、ニューメキシコ工科大学のコンディ教授）。彼は『プレートテクトニクスと地殻の成長』という優れた教科書の著者として知られ、世界中の地質学を勉強する学生らに影響を与えています。私も学生時代

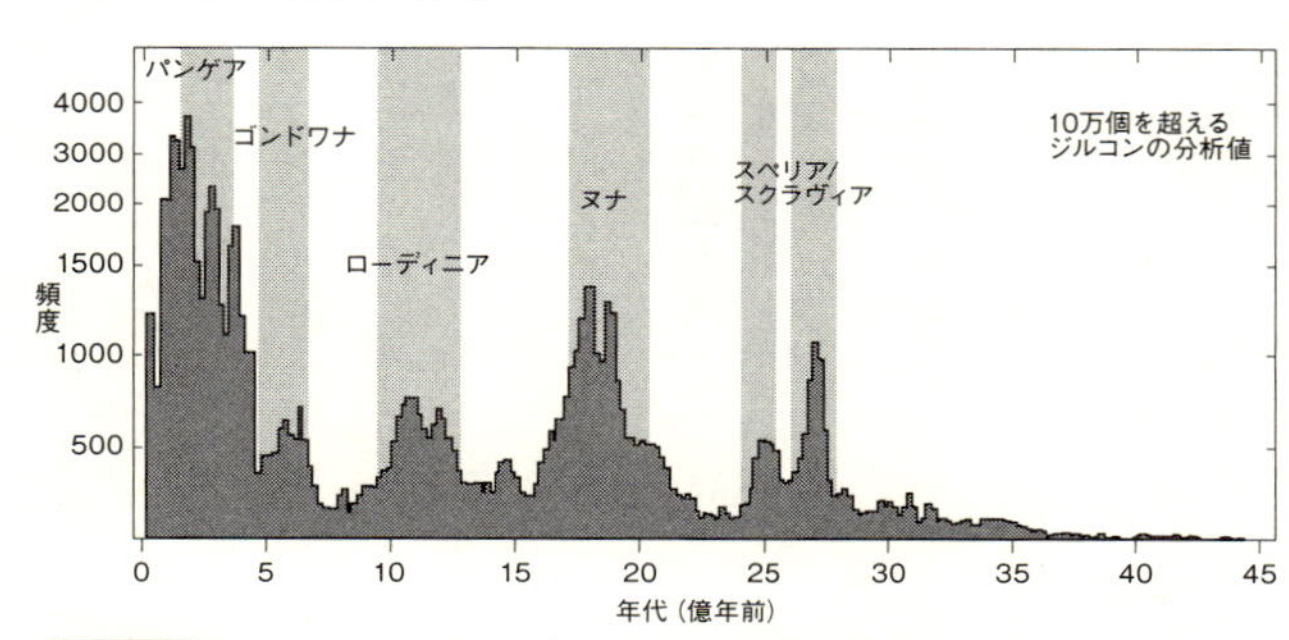

図 4-7 10万個を超えるジルコン年代値の頻度（2011年にヴォイスらが公表）。

にこの教科書を一生懸命読みました。地学英語を読むのに慣れた今では、分厚い論文でも短時間で読むことができます。しかし、当時は知らない単語や難しい内容が多かったため、1冊の教科書を読むのに数ヵ月もかかってしまいました。

この教科書には、パンゲア超大陸の詳細な復元図が示されています。パンゲアの存在については第２章で紹介しましたが、実は、パンゲアができる以前は、現在と同じように複数の大陸があったといわれています。そして、さらに昔には、パンゲアとは別の超大陸があったらしいのです。コンディ教授は、約６億年前に存在したゴンドワナ超大陸、約10億年前に存在したローディニア超大陸の復元図も描いています。

さて、コンディ教授が唱えた大陸地殻の段階的成長説は、ジルコン年代の頻度分布にもとづいています。これを図４-７に示しました。この図を見ると、ジルコン年代の頻度分布には３億～２億年前、７億～６億年前、13億～10億年前、19億～17億年前、26億～24億年前、28億～27億年前にピークがあることがわかります。そしてこれらのピーク年代は、超大陸が存在していた時代に一致します。図4－7に記されているパンゲア、ゴンドワナ、ローディニア、ヌナ、スペリア、スクラヴィアは、かつて地球上に存在した超大陸の名前です。

コンディ教授は、超大陸がある時期とない時期で大陸の成長速度には大きな違いがあった、と考えました。超大陸が形成されるとプレートの沈み込み運動が活発化し、結果としてマグマの生成も盛んになり、大陸が急激に成長したということです。そうだとすれば、大陸は段階的に成長してきたはずです。

冥王代成長説

図4－6に描かれている大陸の成長曲線の中で最も特異なのは、(4)アームストロングと書かれたものだと思います。これは、ブリティッシュ・コロンビア大学（カナダ）のアームストロング教授が提案したモデルです。このモデルは1968年に公表された論文で提案されましたが、当時彼はイェール大学（アメリカ）の准教授でした。彼は同位体データによる地球史解読に挑んだ第一人者であり、火山や大陸の成長に関する研究を精力的に行っていました。

アームストロング教授は、さまざまな時代に生成した岩石のSrとPbの同位体比を用いて、大陸とマントルの成長モデルを計算しました。すると、最近の約30億年間は地殻もマントルも体積や化学組成が変化していないという結果が得られました。彼はさらに、36億年前にはすでに現在と同じ体積の大陸が存在したと提案したのです。つまり、冥王代の終わりには今とほぼ同じ量の大陸があったことになります。

ところが、ハーリー教授が示したように、現在の大陸地殻をつくっているのは30億年よりも新しい岩石ばかりです（図４‐６の(1)ハーリー&ランド）。この矛盾はどのようにして解決するのでしょうか？　アームストロング教授は、沈み込みに伴って造山帯の一部がマントルへ消えていくと考えました。そして、36億年前以降は大陸地殻がつくられる量とマントルへ沈み込んでいく量が等しくなり、大陸地殻の総量は変化しなくなったと主張したのです。アームストロング教授が示した計算結果からは、これは納得のいく大陸成長モデルに見えます。

実は、テイラー教授やコンディ教授の太古代や原生代の一時期に大陸が急成長したという考えは、同位体を専門とする他の研究者らが１９７０～１９９０年代に報告されたNd同位体データの解釈をもとにしています。これらNd同位体データを報告する論文は10本以上あり、いずれも著名な学者らによる研究成果です。私自身もこれらの論文を読んでみましたが、太古代や原生代の一時期に大陸が急成長したことを示す明確なデータとはいえない、と感じました。「そうかもしれないけど、そうではないかもしれない」というのが正直な感想です。同位体に関しては素人の私がそう感じたほどですから、アームストロング教授もテイラー教授やコンディ教授の主張には納得がいかなかったはずです。

一方、アームストロング教授のモデルでは説明不可能なデータも、いくつか報告されています。そのため1980～1990年代には、大陸成長に関する論争が起こりました。その一部を次項で紹介します。

大陸成長論争

大陸成長モデルの提案とその検証は、1960年代後半から現在にいたるまで盛んに行われてきました。これまで提案されてきたモデルの中でもアームストロング教授のアイデアは特殊なため、多くの論文で批判的に扱われているようです。批判の一つは、冥王代の終わりに現在とほぼ同じ体積の大陸地殻があったことを示すデータがないことを指摘するものです。そもそも冥王代とは、この時代の岩石が現在の地球上には見つからないことを理由に区分されました。もし冥王代に現在と同じだけの大陸地殻があったのであれば、その一部がどこかに残っていてもよさそうなものです。さらに、アームストロング教授のモデルが前提とする、地球史における大量の地殻のマントルへの沈み込みがあったことを示す証拠が見当たらない、という指摘もあります。

そんな中、アームストロング教授は、1981年にNd同位体、1991年にHf同位体も使って自分のモデルの正当性を主張しました。他の研究者からの指摘のとおり、アームストロング教授のモデルを支持する証拠は限られていますが、彼は、自分のモデルに自己矛盾がないことを重要視したようです。さらに、1991年の論文では、他の研究者らのモデルの問題点を指摘しています。テイラー教授のモデルに対しては、「彼は、大陸の成長速度が太古代と原生代以降で異なるのは大陸地殻の化学組成が違うからであると主張しているが、この関連性がわからない」と批判しています。またコンディ教授のモデルに対しても「彼の教科書は優れているが、大陸成長に関する部分は話半分に聞かなければならない」とまで書いているのです。

通常、他の研究者の論文の問題点を指摘する際、これほど強烈に批判することはありません。そのため、この1991年の論文は特殊といえます。初めてこの論文を読んだとき、私は軽い衝撃を受けました。

アームストロング教授は、どうしてこのような強烈な批判をしたのでしょうか？　この疑問は1991年の論文の脚注を見てわかったような気がしました。そこには「アームストロング教授は1991年8月9日に死亡」と書いてあったのです。この論文が出版されたとき、アームストロング教授はすでに他界していたのです。後で調べてわかったことですが、アームストロング教授はがんを患い、54歳という若さでこの世を去っていました。恐らく、彼の1991年の論文は、人生最後の主張として病床で書かれたものと思われます。すでに自分の死期が迫っていたので、他の研究者に遠慮することなく自分の考えを率直に書いたのでしょう。死の直前まで諦めずに自分のモデルを主張する論文を書くとは、研究者として尊敬してやみません。

ハフニウムと酸素同位体比の利用

アームストロング教授の死後、21世紀に入ると、大陸の成長史を議論するうえで重要な岩石の年代や同位体の分析値が報告されました。20世紀に公表されたデータにくらべると誤差の少ない、質の高い分析値が数多く得られるようになったのです。これは、分析装置の飛躍的な進歩を反映しています。

特に注目すべきデータが、花崗岩に含まれるジルコンを対象としたU－Pb年代、Hf同位体比、そして酸素同位体比です。20世紀には分析が困難だった3種類の同位体データが1粒のジルコンから得られるようになったのです。ここで、酸素同位体比が初めて出てきたので説明します。酸素同位体比とは$^{18}O/^{16}O$（いずれも安定同位体）であり、この比からは、その花崗岩が堆積岩の融けたものなのか（Sタイプ）、それとも流紋岩マグマだったのか（Iタイプ）を判別できます。多くのSタイプはIタイプ花崗岩にくらべて高い酸素同位体比を持つからです（SタイプとIタイプの違いについては第3章を参照）。ただし、Iタイプ花崗岩の中にはSタイプ花崗岩と同等の同位体比を持つものもあるので、注意が必要です（このような複雑な話は、岩石学の教科書に説明を譲ることにします）。

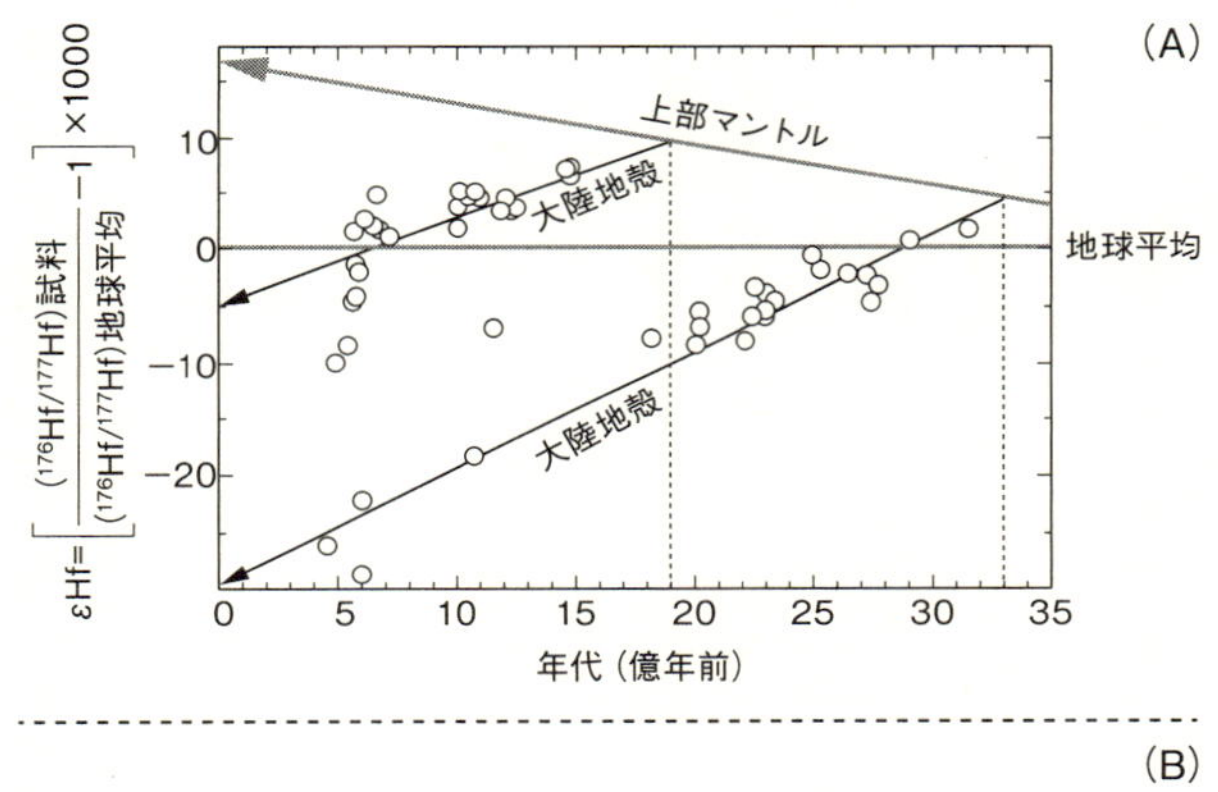

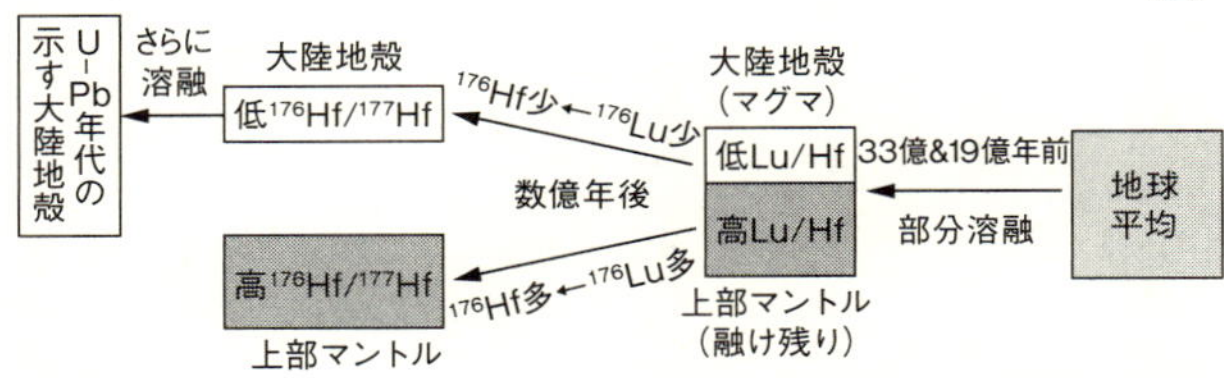

図4-8　**Iタイプ花崗岩中のジルコンの年代とHf同位体比（2006年にケンプらが公表）。約33億年前と19億年前に大陸が急成長したことを示している。**

大陸の成長を考えるうえで、花崗岩がSタイプかIタイプかを知ることは重要です。なぜならば、Sタイプはすでに大陸をつくっていた堆積岩が融けたことを示しており、新たに形成された大陸地殻ではないことを意味するからです。大陸の成長を知るためには、Iタイプ花崗岩のみに注目する必要があります。

実は、図4－7（151ページ）に示したジルコン年代の頻度はSタイプとIタイプとを分けておらず、すべての花崗岩データを含んでいます。そのため、コンディ教授の提案する、超大陸が存在したときに大陸地殻が急成長した、というモデルに対して疑問が湧いてきます。

そこで、Ｉタイプ花崗岩に含まれるジルコンのデータのみを図４－８Ａに示しました。横軸はU－Pb年代、縦軸はハフニウム同位体比です。データの解釈をする前に、注意点があります。

横軸のU－Pb年代は、花崗岩マグマからジルコンが結晶化した年代であり、必ずしも大陸が形成した年代を示しているわけではありません。ジルコンの微細な構造を調べた結果、多くのＩタイプ花崗岩が溶融と固化を繰り返してきたことがわかりました。これは、大陸地殻の堆積岩の溶融により生じるＳタイプ花崗岩と同様に、Ｉタイプ花崗岩の中には、すでに大陸を形成していた花崗岩が再度融けて生成したものが含まれることを意味します。図４－８ＡのU－Pb年代は、各ジルコンが最後に結晶化した年代です。つまり、Ｓタイプ花崗岩を排除し、Ｉタイプ花崗岩のみを選んだとしても、U－Pb年代データだけから大陸の成長史を復元することはできません。そこで、ハフニウム同位体比が必要になります。

縦軸のハフニウム同位体比は^{176}Hfと^{177}Hfの単純な比ではなく、少し複雑な計算をして得られた値です。この計算は、試料ごとの小さな同位体比の差を強調するための工夫です。岩石あるいは鉱物ごとの^{176}Hf／^{177}Hfの違いは非常に小さく、直接比較は困難です。そこで、各試料の分析値と地球平均値との比を１０００倍することで、試料どうしの違いを拡大しているのです。この強調したハフニウム同位体比をεHfと書きます。ε（エプシロン）はギリシア文字で、アルファベットのｅに相当します。ちなみに、酸素やネオジムの同位体比を示す場合にも、同様の方法が用いられます。

図の注意点がわかったところで、データの解釈をしてみましょう。ひと目見て気がつくのは、多少のばらつきはあるものの、プロットがおおまかに２つの直線上に並んでいることです。いずれの直線も右上から左下へ伸びています。次項でこの意味を説明します。

33億年前と19億年前の急成長

先に結論を述べてしまうと、図４－８Ａに示したデータは、大陸が約33億年前と19億年前に急成長したことを意味しています。この結論を得る考えを、図４－８Ｂを使って説明します。重要なのは、ハフニウム同位体比を変化させる要因です。

前章で述べた通り、地球が形成したとき、地表付近はマグマの海に覆われていました（マグマオーシャン）。その後、マグマオーシャンが冷え固まりましたが、その直後の地球表層部はまだ上部マントルと大陸地殻に分かれていませんでした。この未分化な時代のハフニウム同位体比（εHf）は「地球平均」とよばれ、その値は０とされています（図４－８Ｂの右端）。もし大陸地殻が形成されていなければ、現在も地球の岩石のεHfは０だったはずです。

ところが、40億年前以降になると、大陸地殻が形成し始めます。地球表層部は、部分溶融したマグマである大陸地殻と、融け残りマントルに分かれ始めたのです（図4－8Bの中央）。部分溶融の際、マグマと融け残りマントルではLuやHfの分配が異なることがわかっています。具体的には、LuよりHfのほうがマグマに農集しやすいのです。したがって、大陸地殻は地球平均よりも小さなLu／Hfをもち、融け残りの上部マントルは地球平均よりも小さなLu／Hfをもつことになります。ここでなぜLuに注目したかといえば、Luの放射壊変がハフニウム同位体比を変化させるからです（「アイソクロン年代」の項の内容を思い出してください）。

Luの同位体である^{176}Luは時間とともに壊れて、^{176}Hfになっていくため、鉱物中の^{176}Hf／^{177}Hfが時間とともに大きくなっていきます。これは以前説明した通りです。それでは、Lu／Hfの小さな大陸地殻とLu／Hfの大きな上部マントルとでは、^{176}Hf／^{177}Hfの増加率はどう違うでしょうか。当然、^{176}Hfのもとになる^{176}Luに富む上部マントルのほうが、^{176}Hf／^{177}Hfが急激に増加していきます。このことを地球平均も考慮したεHfで議論すれば、上部マントルでは時間とともにεHfが大きくなり、大陸地殻ではεHfが小さくなっていく、ということになります。図4－8Aでデータが右上から左下に伸びる直線上に並んだのは、このような理由によります。

部分溶融によって大陸地殻と上部マントルが分離した直後は、大陸地殻と上部マントルのεHfは等しかったはずです。したがって、図4－8Aに大陸地殻と上部マントルのそれぞれのεHfの変化を示す直線を引けば、それらの交点が大陸地殻の分化が始まった年代を示すと考えられます。図4－8Aには、理論的に得られる上部マントルのεHfの変化を、灰色の直線で示しました。この直線と、大陸地殻のデータをもとに引いた2本の直線は、それぞれ約33億年前と19億年前で交わります。この2つの時期に大陸地殻の多くが形成されたといえそうです。

最良の成長モデルは?

大陸の成長史を知るうえで、図4－8Aに示したHf同位体比とU－Pb年代の組み合わせは、現時点で最も信頼性の高いデータと考えられています。図4－8Aを見る限り、約33億年前と19億年前に多くの大陸地殻が形成したと考えてよさそうです。

前述のように、20世紀にはすでに、Nd同位体比を用いた研究から、大陸地殻は特定の時期に急成長したと考えられていました。オーストラリア国立大学でテイラー教授とともに研究していたマカロック教授は、約36億年前、27億年前、18億年前に大陸は急成長したと主張しています。ただし、少し前に書いたように、私が見たところ、マカロック教授や他の著名な同位体の研究者らが根拠としたデータは「そうかもしれないけど、そうではないかもしれない」と感じてしまうレベルです。そのため、アームストロング教授の強烈な批判を受けてしまいました。

さて、図4－6（147ページ）で紹介した4つの大陸成長モデルの中で最も適切なのはどれでしょうか？　実は、大陸地殻の研究者らの中では、まだ統一見解は得られていません。図４－８Ａのデータを説明するためには、コンディ教授が提案した段階的成長説が最良に見えます。しかし、コンディ教授が大陸地殻の急成長時代とした年代は、約33億年前とは一致しません（図４－６）。さらに、私自身は、図４－８Ａのデータは約33億年前と19億年前に大陸が急成長したことを強く支持すると考えましたが、「そうではないのでは？」と疑問を投げかける研究者もいるようです。恐らく、今後も数多くの良質なNdやHf同位体比が報告され、少しずつ大陸成長に関する見解が統一されていくでしょう。

４－４　大陸生成の場

丹沢山地のトーナル岩

本章で紹介したように、大陸地殻の多くは日本列島と同様の沈み込み帯でつくられてきました。そして現在でも、日本列島の下では大陸地殻が生成されています。

日本列島の地下をつくるのは、北アメリカプレートやユーラシアプレートの上部を構成する大

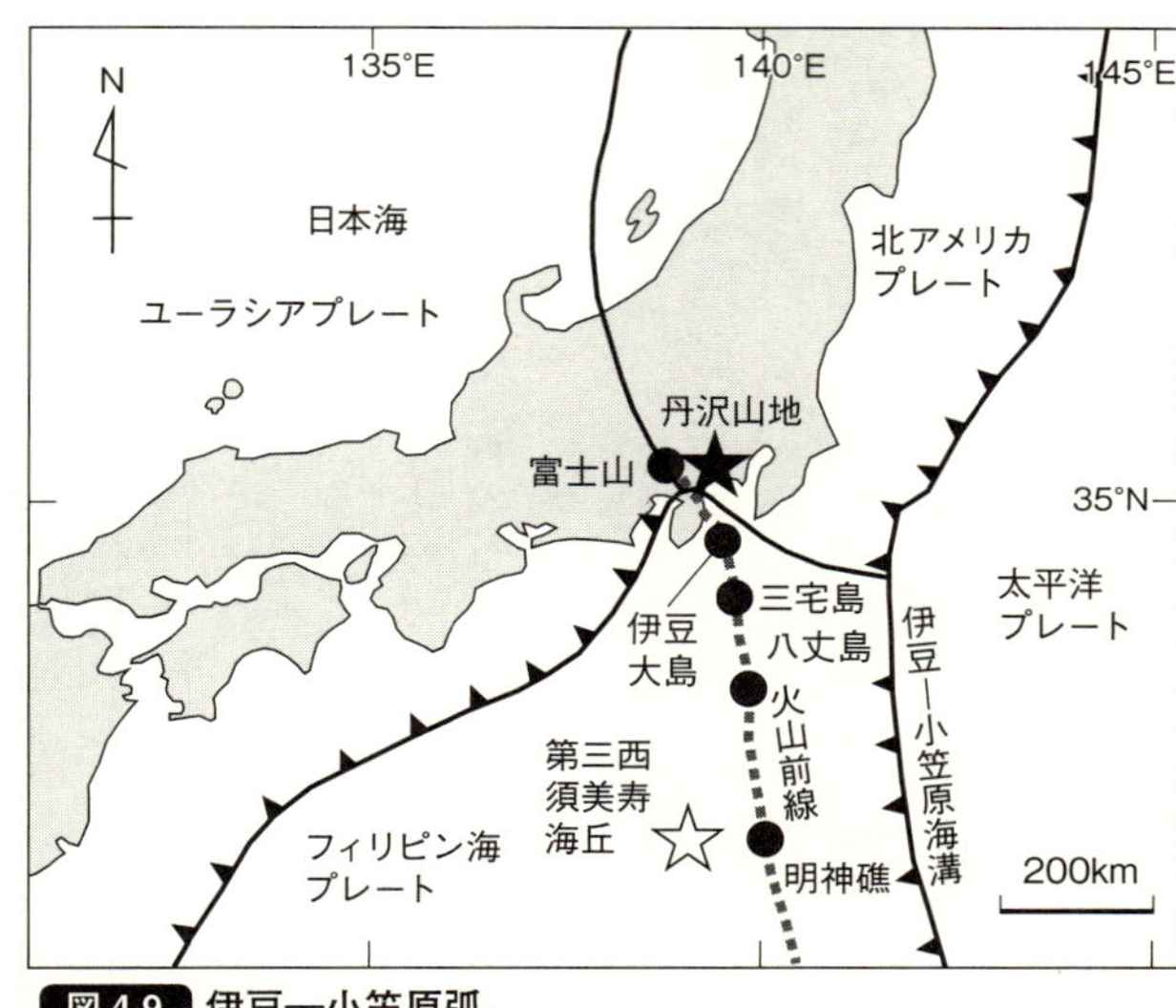

図 4-9 伊豆ー小笠原弧。

陸地殻であり、それは長い年月をかけて厚く成長してきました。このように厚くなった沈み込み帯の地殻を「成熟島弧」とよびます。上空から日本列島を見たときに弧を描いているように見えるために、こうよばれています。

成熟島弧の下では、図４－３Ａ（１３９ページ）に示したように、顕生代に特徴的な大陸地殻が、今もなお生成しています。ところが、日本の地下の一部では、太古代に特徴的なトーナル岩が数百万年前にも形成していたことがわかってきました。それが神奈川県の北部に分布する丹沢山地をつくる岩石です。丹沢山地の位置を図４－９に示しました。

現在、丹沢山地は北アメリカプレート上

に存在しますが、元々はフィリピン海プレートの一部であったと考えられています。フィリピン海プレートが北アメリカプレートやユーラシアプレートの下へ沈み込む運動に伴って丹沢地域（現在の丹沢山地）は北上し、本州と衝突しました。なお、現在、同じように伊豆半島が本州と衝突しており、将来は伊豆大島も衝突すると予想されています。それにしても、なぜ丹沢山地はトーナル岩でできているのでしょうか。

フィリピン海プレートは海洋プレートなので、その上部を構成する地殻は成熟島弧とは別物です。しかし、東側からの太平洋プレートの沈み込みに伴い地下でマグマが生産され、フィリピン海プレート上部では徐々に大陸地殻が成長しています。この大陸地殻の形成プロセスは、まさに図4－3B（139ページ）の太古代の大陸形成モデルと同様です。このような成長段階の大陸地殻を「未成熟島弧」といい、フィリピン海プレート上の「伊豆─小笠原弧」がその典型例です（図4－9）。したがって、伊豆─小笠原弧の下でつくられるマグマはトーナル岩の化学組成をもつのです。

丹沢山地も元々は未成熟島弧の一部でした。丹沢地域が本州に衝突した際、トーナル岩の化学組成をもつマグマが地表付近の地層を押し上げて冷え固まり、現在の丹沢山地のトーナル岩となったと考えられます。これはおよそ900～400万年前の出来事です。トーナル岩は周囲の堆積物よりも固く変形しにくいため、衝突の際に本州の下へ沈み込むことなく、逆に本州の上に乗り上げてしまいました。通常、太古代に形成された大陸中央部の安定地塊にしか見つからないトーナル岩が大陸縁辺部の丹沢山地に分布しているのは、このようなわけです。

背弧でつくられる花崗岩

未成熟島弧である伊豆―小笠原弧の下では現在も、太古代につくられたのと同じ種類の大陸地殻が形成していると考えられます。マグマの生産量が最も多いのが、伊豆大島や三宅島が並ぶ火山列の下です。同火山列は、1953年に爆発的な噴火を起こした明神礁や、2013年から2016年にかけて大きく成長した西之島などの活火山も含みます。

図4-9を見ると、これら火山列は伊豆―小笠原海溝と平行に分布していることに気づきます。このように海溝と平行に連なる火山列は「火山前線」とよばれています。伊豆―小笠原弧の火山の多くは火山前線上に形成されており、西側（海溝とは反対側）にいくにつれて、火山の数が少なくなり、しまいに消えてしまいます。火山前線よりも東側（海溝側）に火山は一つもなく、文字通り、火山の前線を形成しています。なお、火山前線から西側へ離れた地域は背弧とよばれます。

伊豆―小笠原弧の火山前線の下では、恐らくトーナル岩マグマがつくられていますが、背弧側では通常の花崗岩マグマが生産されている可能性があります。その理由は、火山前線に噴出した火山岩はカリウムの量が少ないのに対し、背弧側にはカリウム量の多い火山岩が分布しているからです。火山前線と背弧に分布する火山岩のカリウム含有量の違いは、それぞれの下で生産されているマグマのカリウム含有量の違いを反映していると考えられます。つまり、背弧のマグマはカリウムに富むということで、この地域ではカリ長石を含む通常の花崗岩がつくられているはずです（前章で説明した、トーナル岩と通常の花崗岩の違いを思い出してください）。

国立科学博物館の谷健一郎博士は、この背弧マグマの特徴に着目し、伊豆―小笠原弧の背弧に花崗岩の海丘を発見しました。彼は明神礁の背弧に存在する複数の海丘を調べ上げ、その中の一つである第三西須美寿（すみす）海丘がカリ長石を含む通常の花崗岩でできていることを発見したのです（図4-9の星印）。この海丘は直径およそ7km、高さ約900mのドーム状の高まりです。なお、谷博士は、ジルコンの分析により、丹沢山地をつくるトーナル岩の年代も決定しました。

この第三西須美寿海丘の発見は2015年に国際的な科学雑誌に論文として公表され、大陸地殻の研究者らに衝撃を与えました。その理由は、花崗岩が大陸にしか存在しないという固定観念があったからです。太平洋の海底から通常の花崗岩が見つかったという報告は、これまでに考えられてきた大陸地殻の形成モデルを見直すきっかけとなるでしょう。そして、未成熟島弧の背弧側は大陸地殻がつくられている現場である、という重要な事実が判明したのです。

第5章

第七の大陸は実在する！

現在、7番目の大陸として注目をあびているのが「ジーランディア」である。これはニュージーランドとその周辺の大陸棚からなるが、94％が水面下という変わった大陸である。しかし、かつてジーランディアの大部分は陸上に存在した可能性があるため、海に沈んだ大陸といえるかもしれない。また、最近の海底調査により、大西洋に存在する巨大海台の一つにアトランティス大陸を想像させる証拠が見つかった。

5-1 ムー大陸伝説の検証

地質学的検証

第3章および第4章では、地質学により明らかになった大陸の特徴や形成の歴史を解説しました。これにより、もし第七の大陸が海の下に沈んでいたとしたら、海底にはどのような特徴があるはずかわかったと思います。大陸の存在を示す最も有力な証拠となるのは、海底に大陸地殻の代表的な岩石である花崗岩が見つかることです。ただし、伊豆―小笠原弧の海底で発見された第三西須美寿海丘の例もあるので、花崗岩があったからといって、海に沈んだ大陸を見つけたことにはなりません。広大な台地状の海底が花崗岩や古い年代を示す堆積岩から形成された大陸地殻であれば、それは海に沈んだ第七の大陸といえます。

これらの考えをもとに、本章ではいよいよムー大陸伝説を検証していきましょう。第1章で紹介したチャーチワードの主張は、現代の地質学にもとづく検証に耐えられるでしょうか。

これまでのところ、ムー大陸の陥没を免れた部分とされるハワイ諸島やイースター島からは、花崗岩などの大陸地殻の痕跡は見つかっていません。さらに、ムー大陸があったとされる地域（14ページの図1－1）の海底調査によっても、大陸地殻の存在は確認されていません。したがって、「ムー大陸はあったのか？」への答えは「なかった」ということになります。

実は、チャーチワードの『失われたムー大陸』を読んだ際、私はいくつもの違和感を覚えました。最初に気になったのは、イースター島に存在するモアイ像に関する記述です。チャーチワードはモアイ像の特徴を「長い耳、とがったあごひげ、まっすぐで高い鼻、薄い鋭い唇、この白色人種の典型的な顔つき」と表現しています。一方、私がスミソニアン自然史博物館でモアイ像の実物を見たときには、「武蔵丸に似ている」と感じました。武蔵丸は西暦2000年前後に横綱として活躍した力士で、ハワイ出身の現地人でした。私は、「イースター島とハワイはどちらも太平洋の島で、血縁的に近い人たちが暮らしていたのだろう。モアイ像が当時のイースター島住人の特徴をもっているとすれば、武蔵丸と似ていてもおかしくはない」と納得したのを覚えています。ですから、モアイ像の顔つきを白人的とするチャーチワードの考えには賛成できません。

しかし、私は顔の形を記載する人類学者ではありません。そもそも人の顔を認識すること（顔を覚えること）が大の苦手なので、この点でチャーチワードが間違っていると強く主張する自信はありません。

私が地質学者として、明らかに間違っていると指摘できるのは、ムー大陸の大陥没についての記述です。この点について、次項で説明します。

大陥没はあったのか？

第1章で紹介した、チャーチワードの考えたムー大陸陥没のメカニズムを簡単に復習しましょう。彼は、大陸下のガス溜まりからガスが抜け、残った空洞に大地が落ちた、という想像を披露しています。また、その陥没を免れたのが現在の南太平洋の島々である、と書いています。

しかし、もし1万2000年前にこのような出来事があったとしたら、海底の下に陥没を示す地層が確認できるはずです。海底調査の技術は進歩しており、今では音波や地震波を使って海底下の詳しい地層を知ることができるからです。さらに、海底に深い孔を掘って地層を直接採取して確認できるようにもなりました。

チャーチワードが考えたムー大陸の土台は、ガス溜まりの天井であり、板状の地層でできていました。この天井は脆かったため、ガスが抜けた後に崩れ落ちて陥没したといわれています。脆いということは、板（地層）が割れてバラバラになって落ちたはずです。そして、バラバラになった地層はさまざまな方向へ傾いて堆積したでしょう。皆さん、老朽化した建物の天井が地震の影響で崩れ落ちた写真や映像を一度は見たことがあると思いますが、木材が乱雑に積み重なってぐちゃぐちゃになっていたはずです。これと同じような現象がムー大陸で起きたとすれば、太平洋の地下のあらゆる場所で、地層がずたずたに切り裂かれているはずです。そして、各地層はさまざまな角度に傾いているはずです。

しかし最近の調査結果により、ハワイからイースター島へいたる太平洋の海底の地層は、島や海山があるところを除くと、切り裂かれも傾きもせず、どこまでも水平に繋がっていることが確認されました。それぞれの地層の年代もわかっており、長いあいだ陥没が起こった証拠はありません。それは1万2000年どころの年月ではなく、少なくとも5000万年間は陥没がなかったことを意味しています。つまり、イースター島は陥没を免れ残った大地ではないのです。

それではイースター島は、どのようにしてつくられたのでしょうか。次に、現在の地質学で考えられているイースター島の形成過程を説明しましょう。

イースター火山列

イースター島は、南米チリから西へ3400㎞も離れた絶海の孤島です。この島が初めて欧米人によって発見されたのは、1722年の復活祭（イースター）の日でした。イースター島とよばれるのは、そのような理由によります。

絶海の孤島と書きましたが、実はイースター島は孤島ではありません。これはイースター島付近の地図を見るとわかります（図5－1）。イースター島の東にはサラ・イ・ゴメス島があり、

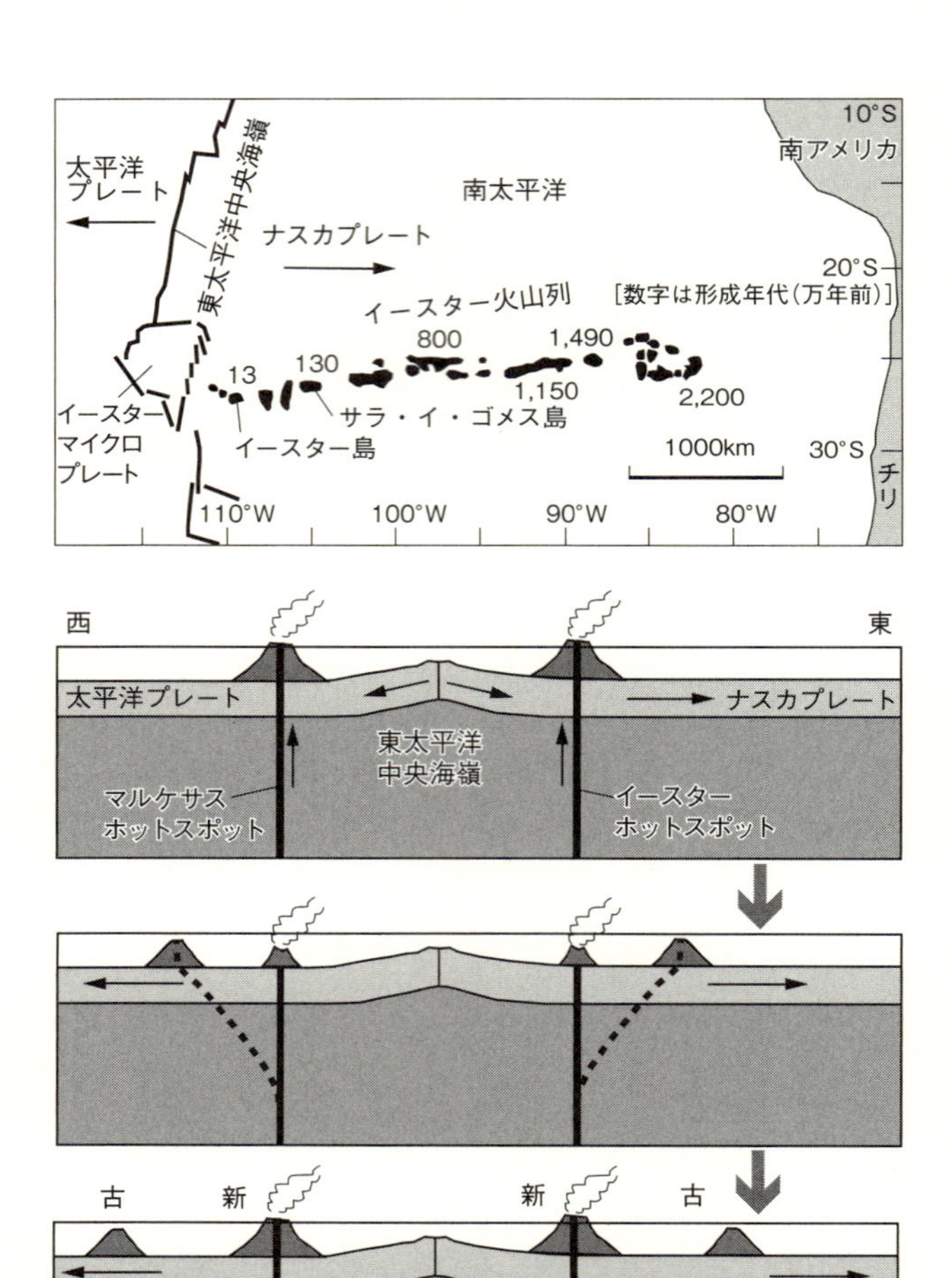

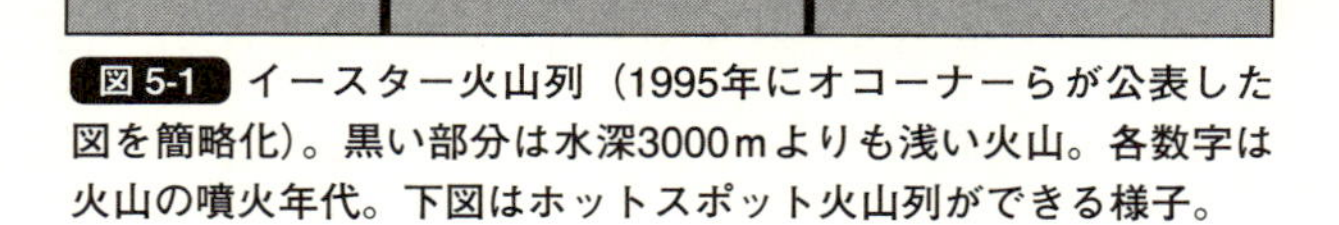

図 5-1 イースター火山列（1995年にオコーナーらが公表した図を簡略化）。黒い部分は水深3000mよりも浅い火山。各数字は火山の噴火年代。下図はホットスポット火山列ができる様子。

さらに東には海洋島はありませんが、海山が直線上に点々と分布しているのです。イースター島を含め、これらの高まりはすべて火山であり、まとめてイースター火山列とよばれています。

この火山列の特徴は、イースター島から離れるにつれて火山の形成年代が規則正しく古くなっていくことです。図５－１の上図を見てください。イースター島が13万年前、サラ・イ・ゴメス島が１３０万年前、さらに東の海山が８００万年前と、東へいくほど古くなっています。この事実は、イースター島がホットスポット活動によりつくられたことを示しています。次項で「ホットスポット」について解説します。

ホットスポット火山

図５－１の上図に描かれているように、イースター島の少し西の海底には東太平洋中央海嶺が南北方向に走っています。そして、中央海嶺より西側の海洋底は太平洋プレート、東側はナスカプレートです。プレートテクトニクスに従い、１年間に約10㎝という速度で太平洋プレートは西側、ナスカプレートは東側へ移動しています。

ホットスポットとは、プレートより下のマントル深部から上昇しているパイプ状の熱い物質であり、これがプレートを突き抜けて火山をつくると考えられています。図５－１の下のイラストに描いてあるとおり、ナスカプレートは東へ移動しているため、古いホットスポット火山ほど東側にあることがわかります。一方、太平洋プレートを突き抜けたホットスポット火山は西に行くほど古くなります。チャーチワードがイースター島と同様に大陥没を免れた大陸の一部と考えたハワイ諸島、マルケサス諸島、クック諸島、カロリン諸島も、太平洋プレート上につくられたホットスポット火山列なのです。

太平洋には、このような火山列がいくつも存在し、それらをつくるホットスポットが10個ほど確認されています。つまり、南太平洋の島々の多くはホットスポット火山なのです。

なお、第2章で紹介したイースターマイクロプレートは、イースター島のすぐ西側に存在します。図5－1の上図を見て、このマイクロプレートを確認してみてください。

海に沈む複数の大陸

これまでに紹介した地質学的な情報を見る限り、1万2000年前に太平洋に沈んだムー大陸などは存在しません。また第2章で説明したように、ヌル教授とベン・アブラハム教授が提案したパシフィカ大陸も、現在では幻の大陸とみなされています。

では、海に沈んだ大陸など空想の産物で、現実には存在しないのでしょうか？　しかし諦めるのはまだ早いでしょう。実は、ムー大陸やパシフィカ大陸ほど広くはないものの、かつては大陸の一部であったと考えられる、花崗岩や古い堆積岩からつくられている広大な海底の台地がいくつか見つかっています。例をあげると、インド洋に存在するセイシェル諸島、南大西洋に存在するフォークランド諸島などです。地図帳や地球儀を見て、場所を確かめてみてください。島々の面積はわずかですが、それよりもずっと広大な大陸棚が海底に存在するのです。

海に沈む複数の大陸の中で「第七の大陸」とよべそうなのは、ニュージーランドを含む「ジーランディア」です。この大陸について、次節で紹介します。

5-2 ジーランディア大陸

94％が水面下の大陸

図5-2に、現在考えられているジーランディアの範囲を示しました。これは、ヌル教授とベン・アブラハム教授がパシフィカ大陸の一部と考えたロードハウ、ノーフォーク、チャタム、キャンベルという4つの巨大海台に、ニュージーランドとニューカレドニア島を加えたものです。オーストラリアとニュージーランドの間の広範囲がジーランディアであることがわかります。オーストラリア大陸とニュージーランドは近いイメージがあるかもしれませんが、図5-2を見て

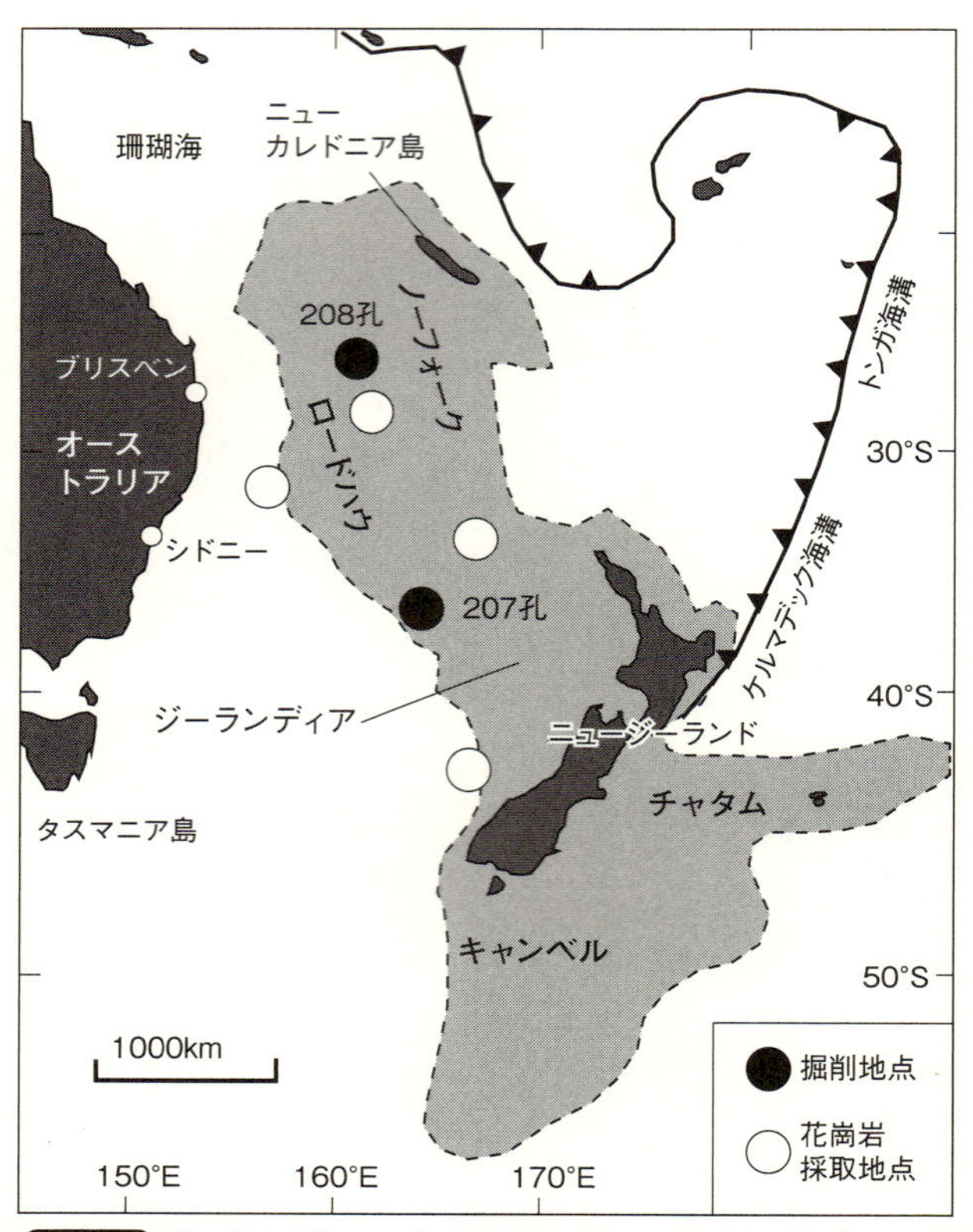

図 5-2 ジーランディア（2015年にマシューズらが公表した図を簡略化）。208孔、207孔は科学掘削の行われた地点。

わかる通り、最も近いところでも２０００㎞も離れています。九州の福岡と韓国の釜山との距離が約２００㎞しかないので、その差は歴然です。

このジーランディアの面積は、およそ４００万㎢にもなり、世界最大の島であるグリーンランド（２１７万㎢）の2倍近い広さがあります。そのため、オーストラリア大陸（７６９万㎢）に次ぐ世界7番目の大陸だという地質学者もいます。そこで、今後は「ジーランディア大陸」とよぶことにしましょう。ただし大陸といっても、その大部分は海面下に存在しています。

トロント大学（カナダ）のコグリー教授の計算によると、ジーランディア大陸の90％は海面下に存在します。ジーランディア大陸の90％が大陸棚である、といってもいいかもしれません。これは、ほかの大陸とはまったく異なる特徴です。ちなみに、各大陸に占める大陸棚の面積の割合は、アフリカ大陸で15％、南アメリカ大陸で19％、ユーラシア大陸で26％、北アメリカ大陸で31％、オーストラリア大陸で35％と見積もられています。ジーランディア大陸は極端に大陸棚が広いのです。最近の研究によると、ジーランディア大陸の94％が海面下だと見積もられています。

ところで、94％が海の下に沈んでいるのに大陸とよべるのは、どうしてでしょうか。１つ目の理由は、ジーランディア大陸とされる範囲の水深です。ここには、水深が４０００ｍを超える深海はなく、３０００ｍよりも浅い広大な海底台地として存在するのです。これに関しては、ヌル教授とベン・アブラハム教授がパシフィカ大陸説を唱えたとき、すでに着目していました。

大陸と判断できる理由は他にもあります。これに関して次に紹介していきます。

ロードハウ海台は沈んだ

ジーランディア大陸は地域ごとに4つの巨大海台に分けられています。しかし、海底下の地層の特徴やプレートテクトニクスによる大陸移動の歴史を考えると、1つの大陸とみなせます。

4つの巨大海台の中で、世界中の研究者らが最も注目している場所がロードハウ海台です。なお、科学者は「ロードハウ海台」ではなく「ロードハウライズ」とよんでいます。本書では、第1章で述べたように、海底の台地状の高まりはすべて「海台」と書きます。この巨大海台はオーストラリアの中核都市であるブリスベンやシドニーから近いため(図5-2)、調査船を用いた研究が行いやすいという利点があります。これまでに、音波や地震波を使って海底下の地層の様子が詳しく明らかにされました。また、海台の2ヵ所では、科学掘削船を用いたボーリング調査により、海底下500mを超える深さまでの地層が採取されています。掘削は図5-2の207孔および208孔と書かれた黒丸地点で行われました。これらの数字は、科学掘削船による海底のボーリングが始まってから207番目と208番目に掘った孔であることを意味します。

科学掘削船による海底のボーリング調査が始まったのは1968年です。207孔と208孔の掘削は比較的古く、1971年に行われました。ちなみに、科学掘削船による海底のボーリング調査は現在も続いており、２０１６年夏の時点で、掘削地点の累計は１５００孔を超えました。

ロードハウ海台の２０７孔と２０８孔でのボーリング調査では、約70万年前から最近までに海底に降り積もった堆積物の地層を採取することに成功しました。ただ残念なことに、堆積物の下に存在すると予想される花崗岩までは到達できませんでした。とはいえ、厚さ５００ｍの堆積層に含まれる微化石を調べることにより、新しい事実が明らかになりました。それは、ロードハウ海台の時代ごとの水深の変化です。

第３章で少し触れましたが、堆積物中には、有孔虫や放散虫といった微生物の死骸の殻が海底に降り積もって形成した微化石が含まれます。微化石の中でも浮遊性有孔虫や放散虫という種類は、地層の年代を決める手がかりとなります。もちろん、第４章で解説したとおり、元々は微化石が年代を示してくれたわけではありません。微化石を含む地層の放射性元素を調べることにより年代がわかり、それを利用して、化石の種類からその地層の年代を推定できるようになったのです。年代の決め手となる化石は、中学校の理科の授業で習うように、「示準化石」とよばれます。一方、底生有孔虫という種類の微化石を同定すると、その地層が堆積した水深を推定できます。このように堆積環境がわかる化石は「示相化石」とよばれます。

ロードハウ海台の２０８孔や、その付近から採取した示相化石を調べたところ、約４０００万年前は浅い海であったことがわかりました。そして現在は、深海とまではいきませんが、水深３

０００ｍ程度の比較的深い海となっています。つまり、４０００万年かけてロードハウ海台は沈降したということです。なお、細かい説明となりますが、最も沈降したのは２０００万年前でした。このときジーランディアはほぼ１００％水没し、その後隆起してきているようです。

それでは、４０００万年以上前には、ロードハウ海台はどのような状態だったのでしょうか。もしかすると海面から頭を出し、陸上の大陸を形成していたかもしれません。今のところ、決め手となる地層は採取されておらず、謎のままです。現在、ロードハウ海台で科学掘削船を用いたさらなるボーリング調査が計画されています。これは、２０７孔や２０８孔よりもずっと深くまで掘り、花崗岩の採取を目指す計画です。今後の成果に期待しましょう。

花崗岩の発見

ロードハウ海台が大陸地殻からできているといえる最も有力な証拠は、海台の複数地点から花崗岩の欠片が採取されたことです。図５－２に示した白丸地点では、ドレッジにより2億年よりも古い花崗岩が採取されました。ドレッジとは、海底を掘り起こして網でさらうことです。

ドレッジによる岩石の採取はボーリングよりも安価なので、ロードハウ海台では何度もドレッジが実施されてきました。といっても、海台の基盤岩（花崗岩？）は５００ｍを超える厚さの堆積物に覆われているため、花崗岩の塊を掘り起こすことは不可能です。これまでに採取された花崗岩は、堆積物に含まれていた小さな欠片だけです。小さな欠片ではありますが、その中から多数のジルコンが取り出され、年代測定が行われました。１億年よりも若い年代を示すものがある一方で、中には2億年（海洋底の最古年代）よりも古い花崗岩もありました。これら古い花崗岩は、ロードハウ海台がかつて大陸であったときにマグマが固まって形成したものと考えられます。

ゴンドワナ大陸からの分裂

ジーランディア大陸が大陸地殻からつくられていることは、南半球の古地図を復元するとよくわかります。約８０００万年前のオーストラリア、南極、ニュージーランドの古地図を図５－３に示しました。この古地図は、第２章で説明した熱残留磁化などの古地磁気データをもとに復元されたものです。

この時代、オーストラリアと南極は巨大なゴンドワナ大陸を形成していました。ゴンドワナ大陸はパンゲア超大陸の南半球部分に相当します。第２章で解説したように、パンゲア超大陸は約１億８０００万年前に北半球のローラシア大陸と南半球のゴンドワナ大陸に分裂しました。図５－３からわかるように、ロードハウ海台もゴンドワナ大陸の東端を形成していました。ところが、約８３００万年前、オーストラリアとロードハウ海台の間に割れ目ができ、南側のタスマニア島付近からその割れ目が拡大していきました。割れ目は北側へ向かって延びていき、６２００

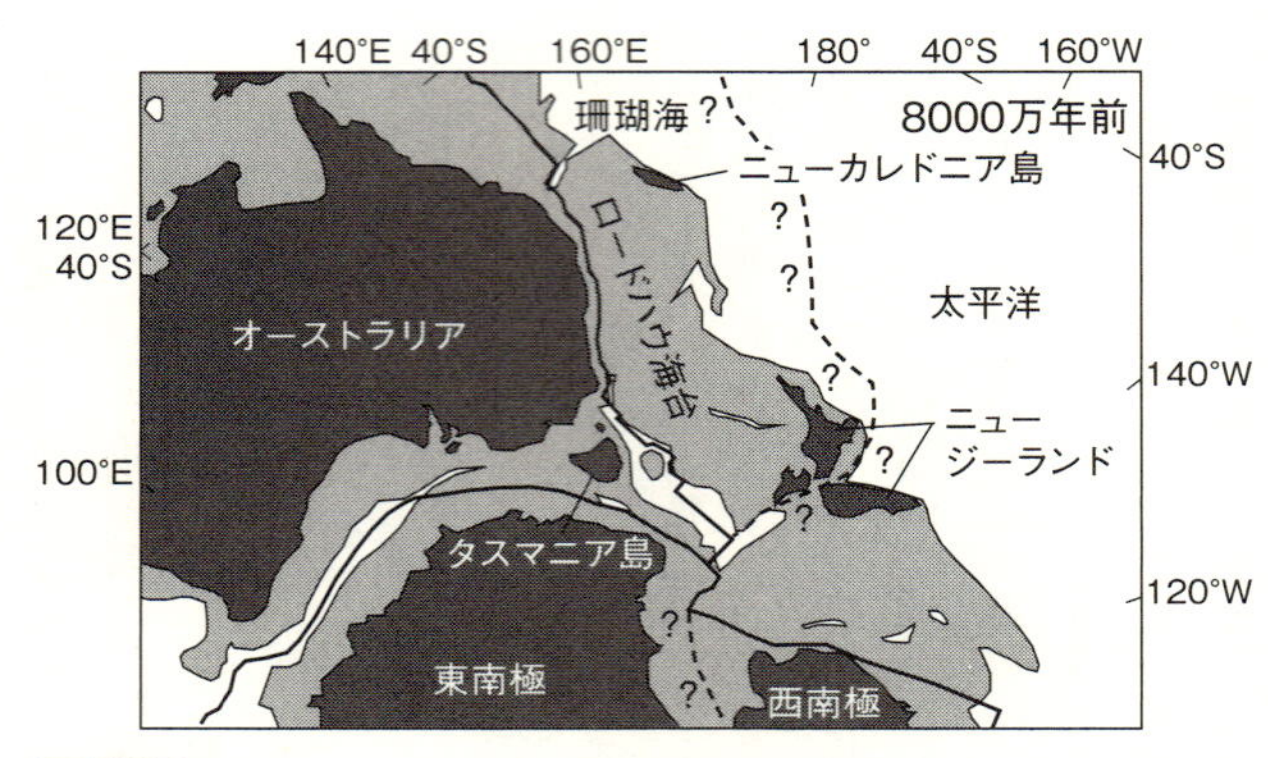

図 5-3 ロードハウ海台の古地図（2015年にマシューズらが公表した図を簡略化）。約8000万年前、ロードハウ海台、オーストラリア、南極はゴンドワナ大陸の一部だった。

万年前までには珊瑚海に達し、オーストラリアとロードハウ海台を分断したのです。

この時代、ロードハウ海台が載っているプレートと太平洋プレートとの間には境界があり（図5-3の「?」のついた点線）、沈み込み帯を形成していたようですが、詳しいことはまだわかっていません。

図5-3に示した通り、ロードハウ海台はゴンドワナ大陸の一部であったと考えられます。ドレッジにより得られた花崗岩の存在も、ロードハウ海台が大陸地殻からつくられていることを示しています。ただし、これが海面から頭を出した大陸であったのか、それともゴンドワナ大陸の大陸棚だったのかは不明です。その点を明らかにするためには、今後、ロードハウ海台をさらに調査し、海台の沈降のメカニズムについて考えていく必要

があります。

5-3 陸が海に沈み込むメカニズム

巨大海台は陸だった？

ロードハウ海台がかつて海面から頭を出していたかどうかは不明ですが、長い年月をかけて現在の深さまで沈降したことは確かです。また、第1章で紹介したように、日本列島の東に存在するシャツキー海台は、形成時に一部が頭を海面上に出して陸となっていました。これ以外にもヘス海台、中央太平洋海山群、マニヒキ海台、ヒクランギ海台の一部が陸であったと考えられています。つまり、太平洋に存在する巨大海台の大多数は、かつて海面から頭を出していた可能性があるのです。各巨大海台の場所は、第1章の図1-5（24ページ）で確認してください。

陸化していた可能性のある巨大海台では、シャツキー海台を除けば、陸上噴火の証拠を示す試料が得られたわけではありません。しかし、掘削やドレッジで得られた底生有孔虫の同定により、水深は1000mよりも浅かったことがわかっています。さらに、それぞれの海台上に存在する複数の海山の特徴的な地形から判断すると、その頂部は陸化していたと思われます。この特徴的な地形とは、頂部が平坦な海山で、「ギョー」とよばれています。ギョーは、サンゴ礁がつくった環礁が海底へ沈んだものと考えられ、したがってかつては暖かく浅い海だったはずです。

このようにすべての巨大海台は、長い年月をかけて現在の深さまで沈降しました。この沈降はどのようなメカニズムによって起こるのでしょうか。これについて次に解説します。

熱的アイソスタシーによる沈降

シャツキー海台やオントンジャワ海台のように玄武岩の溶岩台地からつくられている巨大海台は、かつて海底に形成された超巨大火山であることを第1章で説明しました。これら超巨大火山が沈降するメカニズムは、中央海嶺でつくられた海洋プレートが長い年月をかけて冷えて重くなり沈んでいくメカニズムと同じです。

第2章でも簡単に解説しましたが、プレートテクトニクスにより海洋プレートは、中央海嶺から離れていく間に海水で冷やされ、縮んで密度が高くなります。また、海洋プレートのすぐ下のアセノスフェアも冷え固まってプレートになるため、海洋プレートは少しずつ成長して分厚くなっていきます。プレートが分厚くなるということは、冷たくて重い部分が増えていくということです。すると、プレートは分厚くなると同時に沈降していきます。これは「熱的アイソスタシ

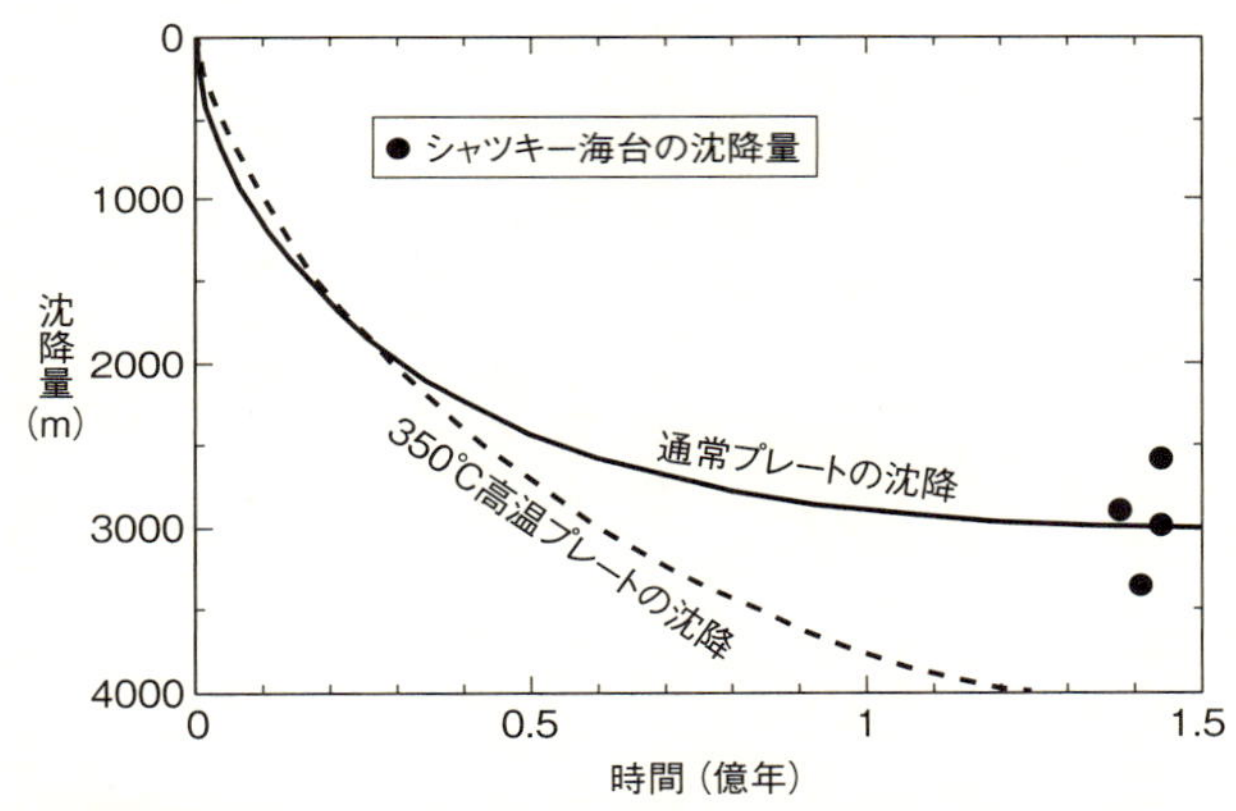

図 5-4 熱アイソスタシーによるプレートの沈降モデル（1992年にシュタイン＆シュタインが提案したモデルと1998年にイトウ＆クリフトが提案したモデルに従って計算）。比較のために、シャツキー海台で観測された沈降量も示した（2013年の清水らによる公表値）。

ー」とよばれ、第３章で紹介した「浮力の原理」によって理解できます。

熱的アイソスタシーに従って海洋プレートが時間をかけてゆっくりと沈んでいく様子を、図５－４に示しました。「通常プレートの沈降」と書いてある実線の曲線が、通常の海洋プレートが沈降する場合の計算結果です。

なお、巨大海台は中央海嶺にくらべて大量のマグマが噴出して形成されたので、マグマがつくられた場所は中央海嶺よりも高温であったと考えられています。もとの物質が高温であるほど冷えて縮んだときの密度の増加率が大きいため、より大きく沈降することになります。図５－４には、通常よりも３５０℃高温で形成されたプレートの沈降についての計算結果も示しました。

さらに図５－４には、シャツキー海台で測定された沈降量も示してあります。この沈降量は、マグマが噴火した水深と現在の水深との比較により求めました。ただし、マグマが噴火した水深は、シャツキー海台の中でも場所によって異なります。１ヵ所では陸上噴火した証拠が得られたので、この地点の水深は０ｍとしました。その他の場所での噴火水深は１０００ｍ程度でした。

これらの噴火水深はマグマに溶け込んでいた水と二酸化炭素（CO_2）の量から見積もられました。この見積もりを行ったのは海洋研究開発機構の清水健二博士です。噴火した水深が深ければ、水圧が高いために、より多くの水やCO_2が溶岩中に押し込まれて溶け込みます。一方、水深が浅い場合は水圧が低いため、水やCO_2は揮発してしまい、溶岩中に溶け込む量が少ないという性質を利用したのです。この水とCO_2を利用する水深の推定方法は、底生有孔虫を使った見積もりよりも精度が高く、１００ｍほどの誤差で決定することができます。底生有孔虫を使う方法では、数百メートルから１０００ｍほどの精度でしか水深を知ることができません。

図５－４を見ると、シャツキー海台の沈降量は通常プレートの沈降と一致することがわかります。するとシャツキー海台をつくるには、それほどの高温は必要でなかったかもしれません。この事実はいくつかの方法で説明が試みられていますが、まだ決着のついていない謎として残っています。

いずれにせよ、超巨大火山であった巨大海台は、形成から1億年も経つと、およそ３０００ｍも沈降することを図５－４は示しています。

テクトニックな沈降

元々が超巨大火山であった巨大海台は、熱的アイソスタシーに従って深海へ沈降します。しかし、大陸地殻からつくられているロードハウ海台は別です。

軽い（密度の低い）大陸地殻が海底へ沈むためには、薄く引き伸ばされる必要があります。ロードハウ海台は、ゴンドワナ大陸の一部であったときには、通常の大陸地殻と同じ35～40㎞の厚さであったのが、大陸の分裂の際に横に引っぱられて薄く引き伸ばされたのかもしれません。実際、現在のロードハウ海台の厚さは通常の大陸地殻よりも薄く、約20㎞と推定されています。そのため、第3章で解説したアイソスタシーに従うと、海底へ沈んでしまいます（１０５ページの図３－５参照）。大陸地殻の引き伸ばしのように、プレート運動に伴って地殻が沈むことを「テクトニックな沈降」とよびます。

ロードハウ海台の掘削によって明らかになった約４０００万年前以降の沈降も、プレート運動により説明できます。これを図５－５に示しました。約４０００万年前、ロードハウ海台やノーフォーク海台の東側からは海洋プレートが沈み込んでいました（Ａ）。海洋プレートの東側から

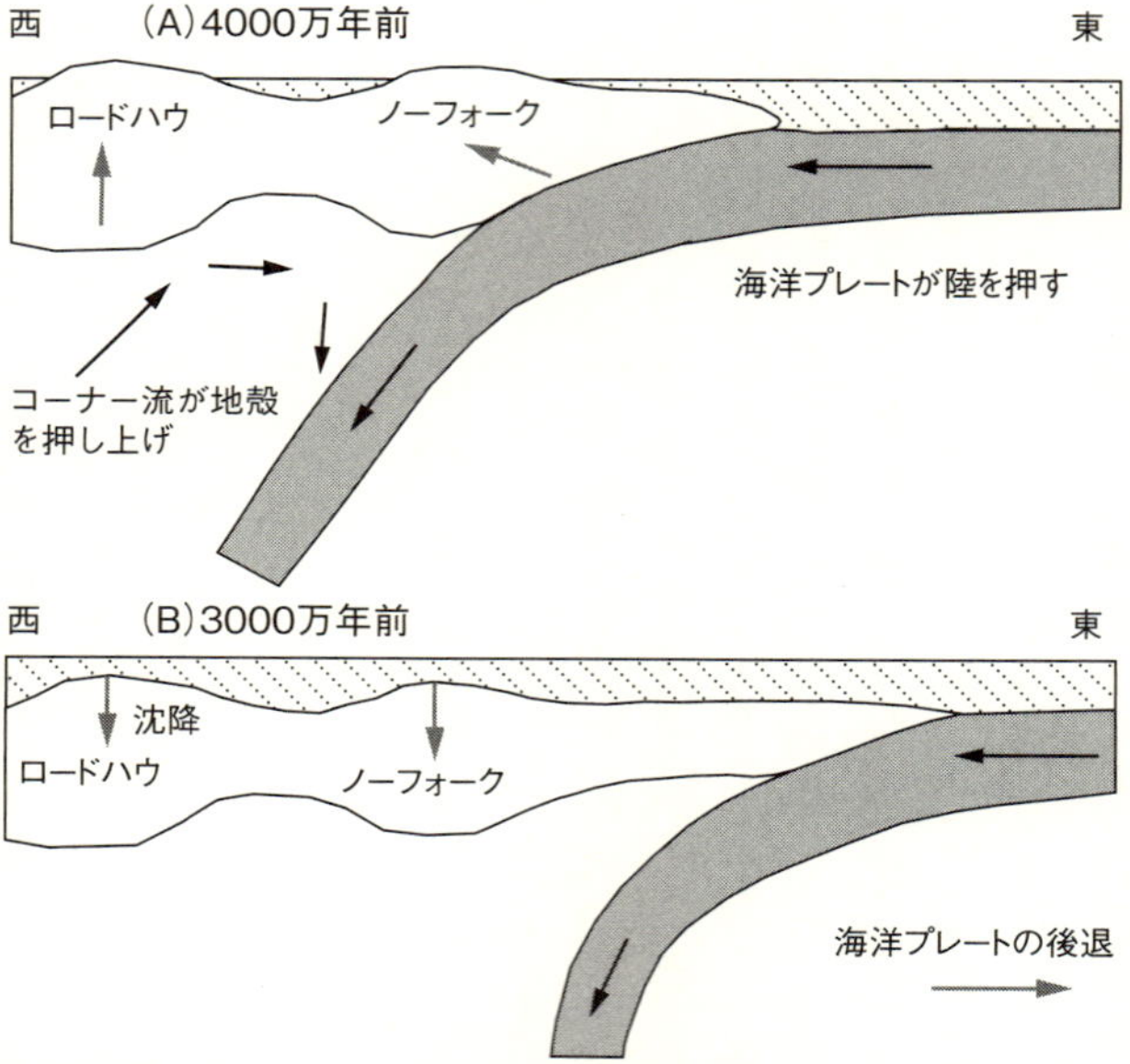

図 5-5 テクトニックな沈降の一例。海洋プレートの後退によりロードハウ海台とノーフォーク海台は沈降した。

の押し上げにより、ノーフォーク海台は持ち上げられていたと考えられます。さらに、海洋プレートの沈み込みに引きずられて、マントルウェッジには時計回りの流れが発生していたはずです。これはコーナー流とよばれ、ロードハウ海台を押し上げる働きをしました。このような海洋プレートの沈み込み運動によって、ロードハウ海台もノーフォーク海台も頭を海水面よりも上に出して陸化していたかもしれません。

ところが、およそ3000万年前になると、海洋プレートが東側へ後退しました(B)。すると、海洋プレートによる押し上げやコーナー流による押し上げの影響が東側へ移動し、ロードハウ海台やノーフォーク海台への影響は小さくなってしまいました。そのため、２つの巨大海台は海へ沈んでしまったのです。

この図５－５に示されたテクトニックな沈降モデルはあくまで一例であり、実のところ、ロードハウ海台の沈降については、もっと複雑な説がいくつも提案されています。ロードハウ海台のゴンドワナ大陸からの分裂の歴史は、まだ不明点が多く、統一見解が得られていないのが現状です。今後、この海域の調査が進めば、沈降の歴史も明らかになっていくでしょう。

５－４　アトランティス大陸伝説の検証

大西洋に沈んだ大陸

ムー大陸伝説と同様に、海に沈んだ大陸として伝説を残しているのがアトランティスです。ムー大陸伝説の舞台が太平洋だったのに対し、アトランティス大陸は大西洋に沈んだといわれています。本章の最後に、アトランティス大陸の伝説も検証してみましょう。

チャーチワードは『失われたムー大陸』の中で、アトランティス大陸の沈没についても言及しています。このアトランティス大陸伝説のオリジナルは、ギリシャの哲学者として有名なプラトンの最晩年の著書『ティマイオス』という物語にあるそうです。

私自身はこの物語を読んだことはありませんが、チャーチワードの説明によると、ギリシャ七賢人の一人であるソロンがエジプトの都市サイスの神官から聞いた話として書かれているそうです。この物語によると、ヘラクレスの柱（ジブラルタル海峡）の前面に小アジア（現在のトルコ）とリビアを合わせたよりも大きな島があり、アトランティスとよばれていました。トルコとリビアの面積を合計すると254万㎢にもなり、グリーンランド（217万㎢）よりも広くなります。この大きさからいって、アトランティスは大陸とよんでもよいでしょう。

チャーチワードの解説によると、アトランティス大陸は元々ムー大陸の植民地で、非常に高度な文明が栄えていたそうです。そしてムー大陸の沈没と同様のメカニズムにより、同じ時期に海に沈んだとされています。

残念ながら、海底の地質調査により、ジブラルタル海峡沖の大西洋に大陸が沈んだ痕跡がないことは明らかにされています。ムー大陸と同様に、ガス・チェンバー（ガス溜まり）からガスが抜け、残った空洞へ大地が落ち込んだのならば、大西洋の海底をつくる地層はズタズタに引き裂かれ、さまざまな角度に傾いているはずです。しかし、そのような地層は確認できていません。

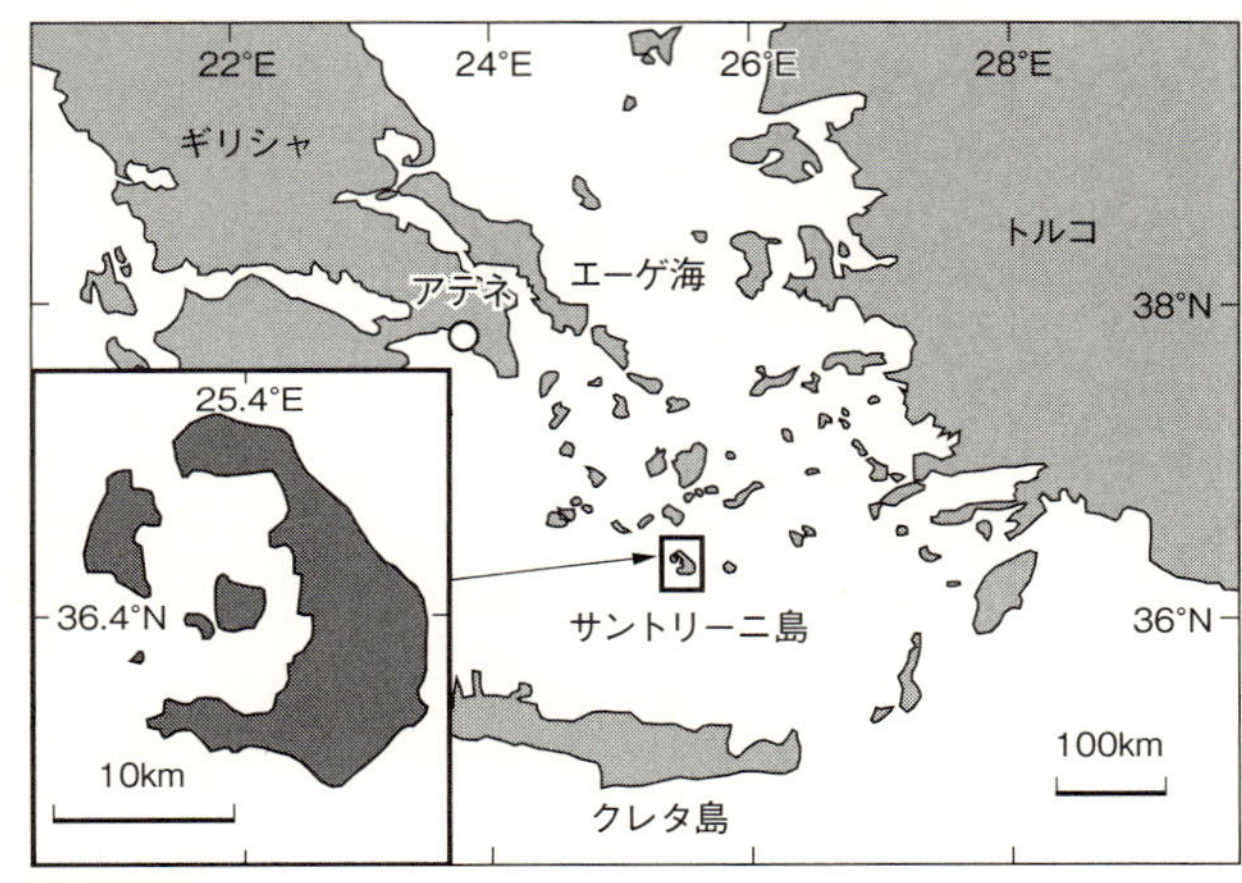

図 5-6 サントリーニ島。

つまり、アトランティス大陸もムー大陸と同様の伝説とみなすべきでしょう。

ところが、プラトンの書いたアトランティス大陸伝説は、大西洋で起きたことではなく、地中海のギリシャ沖に浮かぶ「サントリーニ島」の大噴火の言い伝えであろうという意見があります。事実、多くの火山学者がこの話に興味を持ち、サントリーニは世界で最も有名な活火山の一つとなりました。そこで次では、サントリーニ島の大噴火について解説します。

サントリーニ島

サントリーニ島はギリシャの首都アテネから約２００㎞南東の地中海に浮かぶ島であり、直径約10㎞の円形の海を抱いたドーナツのような形をしています（図５－６）。この円形の海はカルデラであり、紀元前1600年頃（約3600年前）の大噴火の痕跡です。この大噴火は「ミノア噴火」とよばれ、噴出したマグマの量は78～86㎦にもなったと見積もられています。これがどの程度の規模なのかよくわからない読者もいると思います。そこで比較のために、日本の活火山の例を示しましょう。日本で最も活発な火山の一つである桜島が、過去数万年間で噴出したマグマの体積を合計すると約40㎦になります。つまり、桜島が数万年かけて噴出した量の約2倍のマグマが、ミノア噴火時に一気に噴出したということです。

ミノア噴火は、人類が地球に誕生してから起きた火山噴火の中では、最大規模であることが知られています。サントリーニ島では、この噴火時に降り積もった火山灰の地層が確認されており、その厚さは100mを超えます。サントリーニ島から約100㎞南にあるクレタ島や200㎞以上離れたトルコにも、火山灰が厚く降り積もりました（図5-6）。さらに、噴火に伴い巨大な津波が発生し、1000㎞以上離れた地中海東岸のイスラエルにまで押し寄せました。

噴火の起きた紀元前1600年頃、この地域には文明が発達していたことが知られています。恐らく、この噴火により多くの人々が犠牲となったことでしょう。これまでに人類が遭遇した最も激しい天変地異であったかもしれません。そのため、アトランティス大陸伝説と結びつけたい気持ちはわかります。

しかし、冷静に考えてみると、ミノア噴火でさえも大陸の沈没とくらべれば、とても小規模なイベントであることに気づきます。ミノア噴火により吹き飛んで現在は海底になってしまった陸の面積は、広く見積もっても80㎢程度です。これをアトランティス大陸伝説の254万㎢と比較すると、3万分の1にも満たないことがわかります。やはりアトランティス大陸の存在は、ただの伝説とみなすべきであろうというのが、最近までの一般的な考えでした。

ところが2013年に、「アトランティス大陸の存在を示す花崗岩が大西洋の海底から発見された」という衝撃的なニュースが飛び込んできました。日本の海洋研究開発機構による発表でした。この発表の詳しい内容について、次に紹介します。

リオグランデ海台

2013年5月、海洋研究開発機構は、大西洋海底で大陸の一部とみられる花崗岩を確認した、という報道発表を行いました。この発表は複数のテレビ番組や新聞に取り上げられたため、ご記憶の読者もいるかもしれません。

この報告は、ブラジルのリオデジャネイロの南東約1500㎞の沖合にあるリオグランデ海台の水深910mの地点で行われた調査結果を伝えるものでした。海洋研究開発機構がブラジル沖を航海中に、「しんかい6500」という有人潜水調査船を用いて海底を探査したのです。リオグランデ海台の地図を図5-7に示しました。

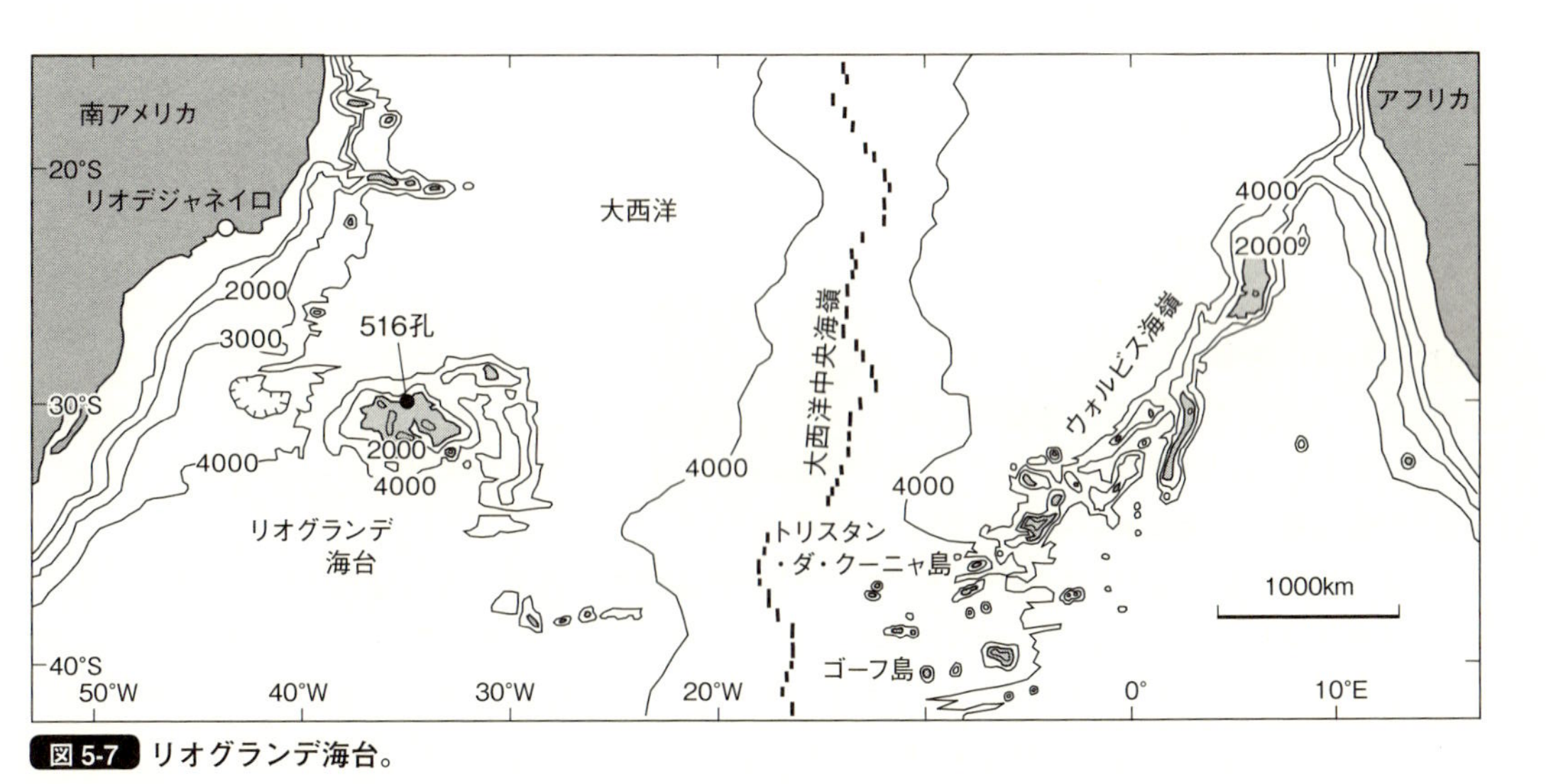

図5-7 リオグランデ海台。

この確認を行ったのは、海洋研究開発機構の北里洋博士です。このときの様子は、北里博士の著書『深海、もうひとつの宇宙：しんかい6500が見た生命誕生の現場』に詳しく書かれています。北里博士は「白黒まだらの角ばった岩石が乱雑に積み重なっていた。その岩石は、明らかにリオデジャネイロの海岸で見ることができる、花崗岩質の岩石の特徴をもっていた」と書いています。そしてその本には、花崗岩からなる（らしい）海底のカラー写真が掲載されています。

この報道を聞いたとき、私はびっくりすると同時に「おかしいな」という疑問もいだきました。なぜならば、リオグランデ海台はホットスポット火山であると考えていたからです。現在、トリスタン・ダ・クーニャ島の下にあるホットスポットの活動が、かつてリオグランデ海台をつくったというのが、従来の火山学者らの共通の理解でした（図5-7）。事実、1980年に科学掘削船がリオグランデ海台をボーリング調査したときには、ホットスポット火山に特徴的な化学組成を持つ玄武岩が採取されています。このボーリング調査が行われたのは、図5-7に示した516孔です。厚さ1250mもの堆積物を貫通し玄武岩の溶岩を掘り当てたという、記録的なボーリング調査でした。

このような、リオグランデ海台は玄武岩からなる台地であるという先入観を持っていると、北里博士が「花崗岩からなる海底」としているカラー写真も「気泡の多い玄武岩の上を白い砂が薄く覆っている」ように見えてしまうから不思議です。花崗岩なのか玄武岩なのかを確認するためには、実際にその岩石を持ち帰って調べればよいのですが、残念ながら「しんかい6500」の調査では、岩石を持ち帰ることができなかったそうです。ほんの少しでも花崗岩の欠片が持ち帰られていれば、このモヤモヤも解消できたことでしょう。

ただ、北里博士の著書には「最近、ブラジル地質調査所によってリオグランデ海膨（本書では〝海台〟と書いている）の西寄りの山の2ヵ所から花崗岩質岩の岩塊が採取された」とも書かれています。今後、ブラジル地質調査所による花崗岩の調査結果が報告されるでしょう。

さて、もしリオグランデ海台が花崗岩からつくられた大陸地殻であったなら、海に沈んだアトランティス大陸とみなすこともできなくはないと思います。この海台の面積は167万㎢であり、グリーンランドよりは狭いものの、アトランティス大陸伝説の254万㎢と同じ程度の広さといえるでしょう。そして、地中海にあるサントリーニ島と違い、伝説の通り大西洋に存在します。ブラジル地質調査所の報告を待つだけでなく、我々もドレッジや掘削調査を行って謎を解明したいと考えています。

第6章

大陸沈没を超える天変地異

大陸が沈没して巨大津波が襲うという天変地異は、多くの人がムーやアトランティスの伝説に興味を持つ要因であろう。そこで最終章では、かつて地球に起きた天変地異をテーマとする。具体的には、巨大隕石の落下と超巨大火山の噴火であり、どちらも何度か生物の大量絶滅を起こしたらしい。これまでの研究により明らかになってきた天変地異の真実を見ていこう。

6-1 超巨大火山と巨大隕石

巨大地震を超える天変地異

ムー大陸やアトランティス大陸の伝説が広く興味を持たれている理由は、大陸が沈んだという現象よりも、天変地異によって国や文明が滅んだという悲劇をはらんでいるからでしょう。その証拠に、ムー大陸伝説を紹介した本はいずれも、優れた文明が大洪水に襲われて壊滅したという悲劇を克明に記述しています。その一方で、大陸が海に沈むメカニズムについて説明・検証した本はありませんでした。ムー大陸が沈んだメカニズムを地質学的に検証したのは、おそらく本書が最初でしょう。

ムー大陸やアトランティス大陸の沈没とそれに伴う文明の滅亡はなかった、というのが前章までの結論ですが、長い地球の歴史の中では、大陸沈没どころではない天変地異により、生物の絶滅が何度か起きてきました。この天変地異とはどのような現象でしょうか。

日本人にとって特に恐ろしいものとして、「地震、雷、火事、おやじ」がよく挙げられます。

現代社会において、最後の「おやじ」は怖くなりましたが、地震や雷という自然災害は今でも変わらず恐ろしいままです。２０１１年3月11日の東北地方太平洋沖地震が引き起こした津波は、１万人を超す人々の命を奪う、日本の歴史上最大級の天変地異でした。現代社会において特に注意しなければならない自然災害といえば、巨大地震と台風などの風水害です。より広く地球の歴史に目を向けると、巨大地震を超える天変地異が起きていたことがわかります。その代表例が超巨大火山の噴火と巨大隕石の落下です。

我々人類が誕生する以前、超巨大火山の噴火や巨大隕石の落下と、それに伴う全地球規模での生物の大量絶滅が繰り返し起きてきました。ただし、そのような劇的な天変地異は数千万年に一度しか起きない、とてもまれな現象です。我々が生きている間に起きる確率はとても低いため、心配する必要はありません。それでも、これら天変地異について知ることは重要です。そこで本章では、超巨大火山の噴火と巨大隕石の落下を取り上げます。

超巨大火山の噴火

第5章で紹介したように、これまでに人類が直面した最も大きな天変地異は、およそ３６００年前にサントリーニ島で起きたミノア噴火です。この大噴火のために、サントリーニ島の住人だけでなく、クレタ島やトルコに住む多数の人々が犠牲になりました。ところが、人類誕生以前の地球に目を向けると、ミノア噴火がかわいく思えるほど巨大な噴火が見つかります。ミノア噴火の１０００倍以上という多量のマグマを噴出した超巨大火山が、地球上には存在するのです。

地質学の専門家らは、これらの超巨大火山をLarge Igneous Province（大規模火成区）、略してＬＩＰとよんでいます。ＬＩＰは海にも陸にも見つかっています。海底で噴火したＬＩＰは巨大海台を形成しますが、第1章で紹介したシャツキー海台やオントンジャワ海台はその代表例です。一方、陸上で噴火したＬＩＰが形成した地形は「大陸洪水玄武岩」とよばれています。なお、ＬＩＰの活動は大陸を引き裂き、大地を突き動かしてきたと考えられ、大陸移動の原動力としても注目されています。

ＬＩＰの噴火と大量絶滅の関係を図６－１に示しました。この図の折れ線は、3億年前以降の各年代に絶滅した生物の属の割合を表しており、特定の時期に大量絶滅が起こったことがわかります。特に目立つのは約2億５０００万年前、２億年前、そして６６００万年前の3回です。

およそ2億５０００万年前というとペルム紀と三畳紀の境にあたり、約2億年前は三畳紀とジュラ紀の境、６６００万年前は白亜紀と古第三紀の境に相当します。第4章で、カンブリア紀以降の地質年代の区分は化石の種類をもとに決められていると述べました。これは、ある地層でよく見られていた化石がその上の（新しい）地層からは出てこなくなることを利用して、その境目を地質年代の境界にするということです。これはとりもなおさず、過去の地球で大規模な生物の

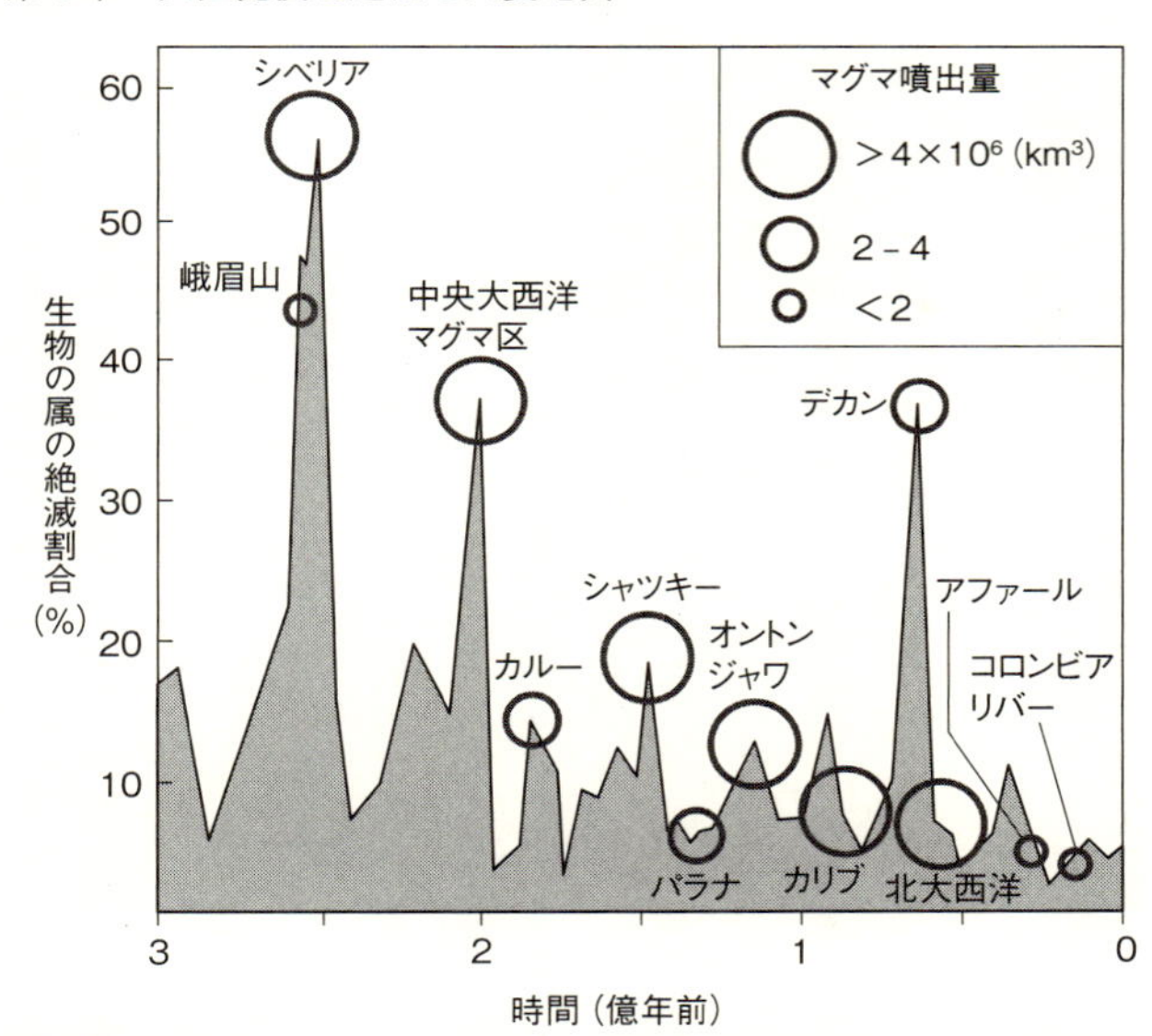

図 6-1 生物の属の絶滅割合（折れ線）と超巨大火山の噴火との関係（2011年にソボレフらが公表した図に加筆）。

絶滅が繰り返し起きていたことを物語っています。3億年前以降、特に絶滅の割合の大きかったのが、この3つの境界です。

ペルム紀（Permian）と三畳紀（Triassic）の境は、その頭文字をとってP—T境界と略されます。同様に、三畳紀とジュラ紀（Jurassic）の境はT—J境界、白亜紀と古第三紀（Paleogene）の境はK—Pg境界とよばれています。白亜紀の英語名はCretaceousですが、Cから始まる紀が多いため、区別のためドイツ語のKreideの頭文字が使われています。

図6－1を見ると、3つの大量絶

滅時期のそれぞれに、シベリア・トラップ、中央大西洋マグマ区、デカン・トラップを形成したLIPの噴火が起きていたことがわかります。ここで出てきた「トラップ」とは、スカンジナビアの言語で洪水玄武岩をさします。そして、これら3つ以外にも、絶滅のピークとLIPの噴火時期との一致が確認できます。たとえば、シャツキー海台が噴火した1億4500万年前はジュラ紀の終わりにあたり、比較的大きな規模の絶滅が起きています。

噴火した火山の周辺地域は溶岩流に飲み込まれたり、火山灰が降り積もったりするため、そこに生息していた生物が死滅することは想像しやすいでしょう。そして、LIPのような超巨大火山が噴火すれば、その影響は広範囲におよぶこともわかります。それにしても、火山噴火が地球規模の大量絶滅を引き起こすものでしょうか？

地球全体の環境変動を引き起こし、世界中で多くの生物を絶滅させたのは火山ガスの放出です。溶岩流ではありません。超巨大火山の噴火により放出された火山ガスは大気中を広がり、地球全体を覆います。そのため火山ガスの影響は地球規模におよび、大量絶滅を引き起こすのです。この火山ガスの影響について次に説明します。

火山ガスの影響

火山ガス成分の中で大量絶滅の主要因になったと考えられているのが、二酸化硫黄（SO_2）と二酸化炭素（CO_2）です。火山ガスの影響による大量絶滅のメカニズムは、まだ完全には理解されていませんが、現在考えられているモデルを以下で紹介します。

火山噴火によって大気中へ大量の SO_2 が放出されると、急激な寒冷化を引き起こします。その原因は、SO_2 が大気中に漂っている他の分子と反応して「硫酸塩エアロゾル」という細かい塵（ちり）となるからです。硫酸塩エアロゾルは光を散乱させる性質を持つため、地表に降り注ぐ太陽光をさえぎって寒冷化をもたらします。地球規模で急激な寒冷化が起きれば、寒さに弱い生物は逃げ場がなくなり、絶滅することもあるでしょう。寒冷化は噴火から数ヵ月の間に始まりますが、長くても2〜3年で終了します。しかし、火山ガスの影響はそれでは終わりません。

火山噴火により大気中に CO_2 が放出されると、その温室効果により温暖化が起こります。SO_2 の放出による寒冷化とは違い、CO_2 の放出による温暖化はゆっくりと進み、長い間継続します。LIPの噴火がもたらす温暖化は、数万年あるいはそれ以上続いたと推測されています。つまり、LIPの噴火が起きると、急激に寒冷化し、その後に長期間の温暖化が起きるのです。

温暖化は海洋生物に大きな影響をおよぼします。現在の地球の海では、暖かい表層流と冷たい底層流が大規模に循環していますが、地球規模で気温や海水温が上昇すると、この循環が止まってしまうのです。すると海の深部に酸素が運ばれなくなり、海底付近は無酸素状態になります。このような状態になると、有機物を分解する動物や細菌が死滅してしまい、海底へ沈んだプランクトンの死骸が分解されずに堆積するようになります。こうして堆積した死骸は「黒色頁岩」とよばれる岩石をつくります。黒色頁岩は世界中で確認されていて、過去に起きた海洋生物の絶滅の証拠とみなされています。現在でも赤潮などの局所的な酸素欠乏状態は起きますが、これが全地球規模で発生すれば、海洋生物は逃げ場を失い、大量に絶滅することでしょう。

SO_2やCO_2だけでなく、火山ガスに含まれる塩酸（HCl）やフッ酸（HF）も生物に悪影響をおよぼします。塩酸やフッ酸は大気中へ放出された後、酸性雨として地表へ降り注ぐのです。またSO_2も、大気中の水分と反応して酸性雨になります。酸性雨は地球に住む動植物を溶かすため、生物にとって有害です。塩酸やフッ酸はそのうえ、上空に存在するオゾン層を破壊することも知られています。オゾン層が破壊されると、生物にとって有害な紫外線が多量に地表へ降り注ぐことになります。

このように、火山ガスはさまざまな形で生物に悪影響をおよぼします。そして恐らく、ＬＩＰの噴火は、地球の歴史において何度となく大量絶滅を引き起こしてきたのです。

地球史上最大の絶滅

図６-１からわかるように、最も多くの生物が絶滅したのが約2億５０００万年前のＰ—Ｔ境界です。この境界は、ペルム紀と三畳紀を分けるだけでなく、さらに大きな地質年代区分である

古生代と中生代の境界でもあります。この時期に激しい火山噴火が起こり、2億5100万～2億4800万年前の300万年間にマグマが噴出し続けました。そのマグマが現在のロシアにシベリア・トラップを形成しました。シベリア・トラップはあまりに広大なため、全体の調査が終わっていません。まだ正確なことはわかっていませんが、噴出したマグマの総量は300万～400万㎦と見積もられています。これはサントリーニ島で起きたミノア噴火で噴出したマグマの3万倍を超えます。シベリア・トラップの分布域を図6-2に示しました。シベリアの台地の広大な範囲（南北方向にも東西方向にも1000㎞を超える）が洪水玄武岩によって覆われているのがわかります。

シベリア・トラップをつくった巨大噴火により大気中へ放出された硫黄（S）は6兆～8兆トン、塩素（Cl）は3兆～9兆トン、フッ素（F）は7兆～14兆トンと見積もられています。この途方もなく膨大なガスにより、pHがおよそ2の酸性雨が地球上に降り注いだと推定されています。これが噴火の続いた300万年間、断続的に起こっていました。

また、300万年間にもおよぶ噴火により、多量のCO_2が大気中へ放出され、温暖化が進みました。この温暖化により、永久凍土の中に閉じ込められていたメタンハイドレート（メタンの氷）が溶けたと考えられています。メタンにも強い温室効果があるため、温暖化はさらに加速し、海洋生物の大量絶滅を引き起こしたことでしょう。

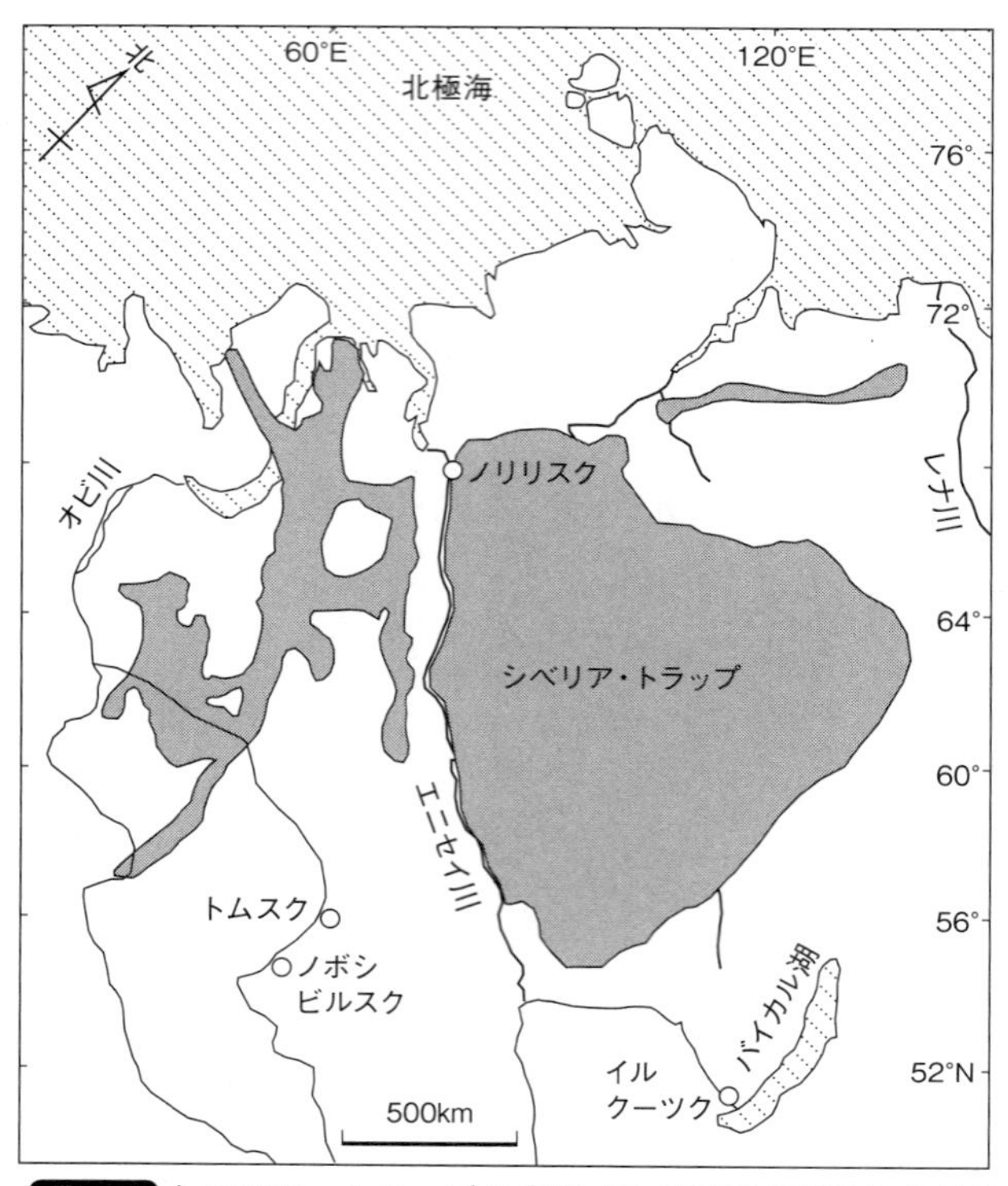

図 6-2 シベリア・トラップの分布（2010年にクズミンらが公表）。

大陸洪水玄武岩は巨大海台にくらべると小規模ですが、それを形成した火山噴火が地球環境に与えた影響は大きいと考えられています。海底で噴火した場合は、高い水圧により膨張できなかった火山ガスが溶岩中に溶け込むため、大気中に放出されるガスの量は限られます。一方で、陸上で噴火した場合には、大量の火山ガスが直接大気中に放出されます。世界最大の大陸洪水玄武岩であるシベリア・トラップを形成した噴火が大量絶滅を引き起こしたのも、当然といえるでしょう。

さらに、シベリア・トラップをつくったマグマ活動は、地球内部からの巨大な上昇流によると考えられています。このような上昇流は長い地球の歴史において、大陸移動の原動力となってきました。

地球を脅かす隕石衝突

LIPの噴火と同等、もしくはそれをしのぐ大量絶滅を引き起こしたのが巨大隕石の落下です。実は、隕石は絶え間なく地球上に降り注いでおり、我々はそれを流れ星として目にしています。ただし、ほとんどの隕石は大気圏を通過中に燃え尽きてなくなってしまい、地表には到達しません。ところが大きな隕石は別です。

2013年2月に、ロシアのウラル山脈付近に隕石が落下し、その衝撃により数千にもおよぶ建物の窓ガラスが割れる、という被害が生じました。空から降って来た火の玉の映像がニュースなどで紹介されたので、記憶に残っている読者がいるかもしれません。この隕石の元の大きさは直径にしておよそ20mと推定されていますが、上空で割れたため、実際に落下したのは複数の破片でした。このとき、もし上空で複数の破片に分かれていなかったとしたら、衝突により巨大な

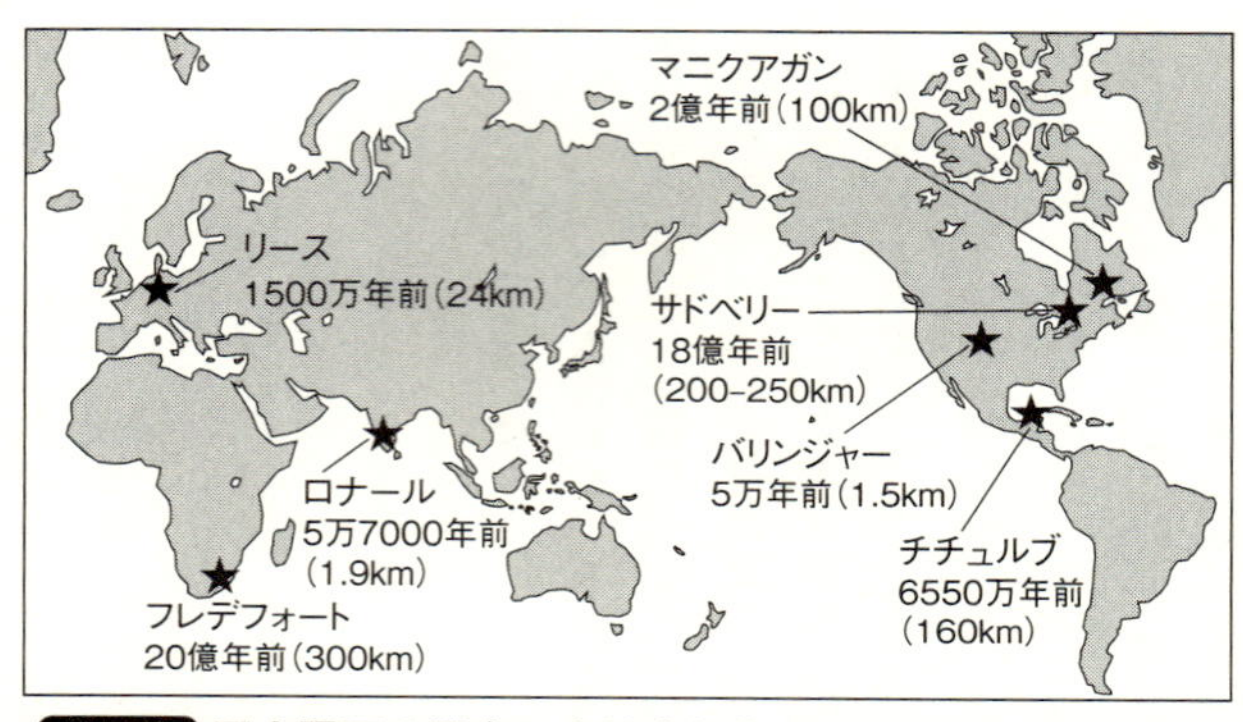

図 6-3 巨大隕石の衝突により生じたクレーターの位置とその形成年代。括弧内の数字はクレーターの直径。

クレーターがつくられたはずです。

地球表面には、巨大隕石の衝突によってできたクレーターが複数見つかっています。その代表的なものを図6－3に示しました。この中で、直径がおよそ2kmのバリンジャー・クレーター（アメリカ）やロナール・クレーター（インド）をつくった隕石のサイズは、直径およそ20～30mだったと推測されています。これらの隕石の落下地点から10～20kmの範囲は、衝突に伴って発生した高熱により、焼け野原となったと考えられています。このようなクレーターをつくる隕石の落下が起きれば、その地域は壊滅状態となりますが、それでも地球規模で大量絶滅が起きることはありません。

問題となるのは、直径が10kmにもなる巨大隕石の落下です。このような隕石が衝突する頻度は数千万年に1回と低いものの、地球の歴史においては何度か起きています。南アフリカにあるフレデフォート、カナダのサドベリーとマニクアガン、メキシコのチチュルブといった直径が100kmを超えるクレーターは、直径が10kmを超える巨大隕石の衝突でつくられたと考えられます。この規模のクレーターをつくった隕石の落下は地球全体の環境を一変させたはずです。

フレデフォートとサドベリーに関しては、隕石の落下した時期が6億年前よりも古く、当時はまだ化石として残るような生物が出現していませんでした。そのため、大量絶滅の証拠を探すことはできません。一方、マニクアガン・クレーターとチチュルブ・クレーターをつくった隕石衝突は大量絶滅を引き起こしたと考えられています。これらに関して、次に説明します。

マニクアガンとチチュルブ

少し前に示した図6-1（201ページ）を見てください。これだけを見ると、約2億年前のT―J境界と6600万年前のK―Pg境界での大量絶滅はそれぞれ、あたかも中央大西洋マグマ区とデカン・トラップをつくったLIPの噴火により引き起こされたと考えたくなります。しかし、図6-3を見ると、2つの大量絶滅期はマニクアガン・クレーターとチチュルブ・クレーターがつくられた時期とも一致することがわかります。
T―J境界の大量絶滅が中央大西洋マグマ区の火山活動に起因するのか、それともマニクアガン・クレーターをつくった巨大隕石の衝突によるのかは、最近までよくわかっていませんでした。私自身はＬＩＰの専門家なので、中央大西洋マグマ区の活動の影響を重要視していました。

ところが、大量絶滅の起きたＴ―Ｊ境界の時代に巨大隕石が落下したことを明確に示した論文が、２０１３年に日本人研究者らにより公表されました。この論文を書いたのは、現在は海洋研究開発機構に所属する佐藤峰南博士です。論文が公表された当時、彼女はまだ九州大学の大学院生でした。佐藤博士らは岐阜県と大分県に存在するＴ―Ｊ境界の地層を調べ、隕石に特徴的な元素、オスミウム（Os）が多く含まれることを発見したのです。隕石由来の多量のオスミウムが、衝突時に蒸発して大気中を広がり、やがて世界中の海に降り注ぎ、深海底に堆積したのです。オスミウム濃度から隕石の大きさを見積もると、直径３～８㎞という計算結果が得られました。

このＴ―Ｊ境界の地層には、球状粒子（スフェルール）という隕石の落下によりつくられる特徴的な粒子も確認されました。球状粒子とは、隕石が衝突した際、地面が融けて周囲へ飛び散り、その後冷えて固まった粒です。佐藤博士らはさらに、Ｔ―Ｊ境界に含まれる微化石を調べ、大量絶滅のメカニズムを詳細に復元しようとしています。今後の研究成果を期待しましょう。

Ｔ―Ｊ境界の大量絶滅と巨大隕石の衝突との関連についての研究はまだ始まったばかりですが、Ｋ―Pg境界の大量絶滅とチチュルブ・クレーターを形成した隕石衝突との関連性はすでによく調べられています。隕石衝突によってこの大量絶滅が引き起こされたとする説は、いまや一般常識になったといってもよいでしょう。一方、Ｋ―Pg境界での大量絶滅はデカン・トラップの噴火が引き起こした、と主張する研究者もいます。そのため、この数十年間、Ｋ－Pg境界での大量絶滅の原因に関する論争が続いてきました。次節は本書の最終節になりますが、この論争を紹介します。

6-2 隕石衝突説 vs. 火山噴火説

Ｋ－Pg境界

Ｋ－Pg境界は白亜紀と古第三紀を分けるだけでなく、より大きな地質年代区分である中生代と新生代の境界でもあります。前節で紹介したＰ－Ｔ境界にくらべると絶滅の割合は低いものの、生物が大量に絶滅した時期としてはＫ－Pg境界のほうが有名です。その理由は、化石を代表する恐竜やアンモナイトが絶滅した境界として知られているからです。

恐竜の人気は博物館へ来ると一目瞭然です。私は国立科学博物館で展示をつくったり、地学に関する解説を行ったりしているので、よくわかります。博物館の中で最も混んでいる場所が恐竜展示のフロアであり、恐竜博士が展示解説を行う日は、たくさんの人々が話を聞きに来るのです。私自身は火山の話をしているのですが、聴衆の数は恐竜博士の半分以下（ひどいときは10分の1程度）です。一度でいいので、恐竜博士のようにたくさんの来館者の前で話をしてみたいものです。

恐竜ばかり注目されますが、K—Pg境界での環境変動を最もよく伝えてくれるのは植物化石のもつ情報です。K—Pg境界の下の地層からは被子植物や裸子植物などの多様な植物の化石が見つかるのですが、すぐ上からは、シダ植物の胞子しか出てきません。これは、太陽光線の地表への到達量が減少したことを意味すると考えられます。つまり、K—Pg境界の時代に太陽光を遮断するイベントが起きたと推測できるのです。

このK—Pg境界での大量絶滅の原因が巨大隕石の衝突であると初めて提唱したのは、カリフォルニア大学バークレー校（アメリカ）の物理学者ルイス・アルヴァレズ教授と、その息子で地質学者のウォルター・アルヴァレズ教授らです。ルイス・アルヴァレズ教授はノーベル物理学賞を受賞した研究者としても知られています。この説を発表した論文は、１９８０年にアメリカの著名な科学雑誌に掲載されました。この論文の内容について次に紹介しましょう。

ないはずのイリジウムがあった!

アルヴァレズ親子らは、「イリジウム」という元素がK—Pg境界層に濃集していることに注目しました。イリジウムは地球の表層部にはほとんど存在しないのに対し、隕石には多く含まれるからです。彼らは、直径10㎞ほどの隕石が地球へ衝突した結果、大量の塵が発生して地球を覆い、太陽光を遮断したと考えました。

しかし、太陽光を遮断する現象を起こすのは、隕石衝突だけではありません。前節で述べたように、火山噴火に伴うSO_2の放出によっても引き起こされます。実際に、数名の火山学者らは、デカン・トラップをつくったＬＩＰの噴火が大量絶滅の原因であると考えていました。図６－１（２０１ページ）に見られるように、多くの大量絶滅の時期がＬＩＰの噴火時期と一致します。そのため、Ｋ－Pg境界での大量絶滅もデカン・トラップをつくったＬＩＰの噴火が関与している、と考えたのです。そのＬＩＰの活動により噴出されたマグマの総量は１５０万㎦であり、これはＰ－Ｔ境界に形成されたシベリア・トラップの半分程度です。噴火によって放出された硫黄の量も３兆～９兆トンと見積もられており、シベリア・トラップと同程度です。

アルヴァレズ親子らの論文が公表された後、Ｋ－Pg境界での大量絶滅の原因を特定するための調査が盛んに行われました。その成果として、隕石衝突説を支持する情報が次々と出てきました。まず、世界中のＫ－Pg境界の地層にイリジウムが濃集していることがわかったのです。そして１９９１年には、メキシコのユカタン半島にチチュルブ・クレーターが発見されました。このクレーターをつくった隕石の一部はユカタン半島沖の海底に衝突して、巨大津波を引き起こしたこともわかってきました。メキシコ湾周辺のK―Pg境界層から多数の津波堆積物が発見されたのです。

隕石衝突説にとって最も有利な情報は、アルヴァレズ親子らが注目したイリジウムでした。デカン・トラップに含まれるイリジウムを分析したところ、K―Pg境界層に含まれるイリジウムの10分の1程度の濃度しかないことがわかったのです。今では、K―Pg境界の時代に巨大隕石が衝突したことは、誰もが事実と認めています。

隕石衝突説の定説化

21世紀になると、巨大隕石の衝突により恐竜が絶滅したという説が幅広く受け入れられ、本やテレビでも紹介されるようになりました。国立科学博物館でも、「チチュルブ・クレーターをつくった巨大隕石の衝突が恐竜絶滅の原因であろう」と紹介しています。

2010年3月には、アメリカの著名な科学雑誌にK―Pg境界の隕石衝突説をまとめ上げた論文が掲載されました。これは41名もの研究者たちによる連名の論文であり、その中には著名なLIPの研究者も含まれています。この論文では、巨大隕石の落下が以下のように起こったと解説されています。

約6550万年前のある日、直径およそ10㎞の隕石がユカタン半島の北西端からその沖の浅海

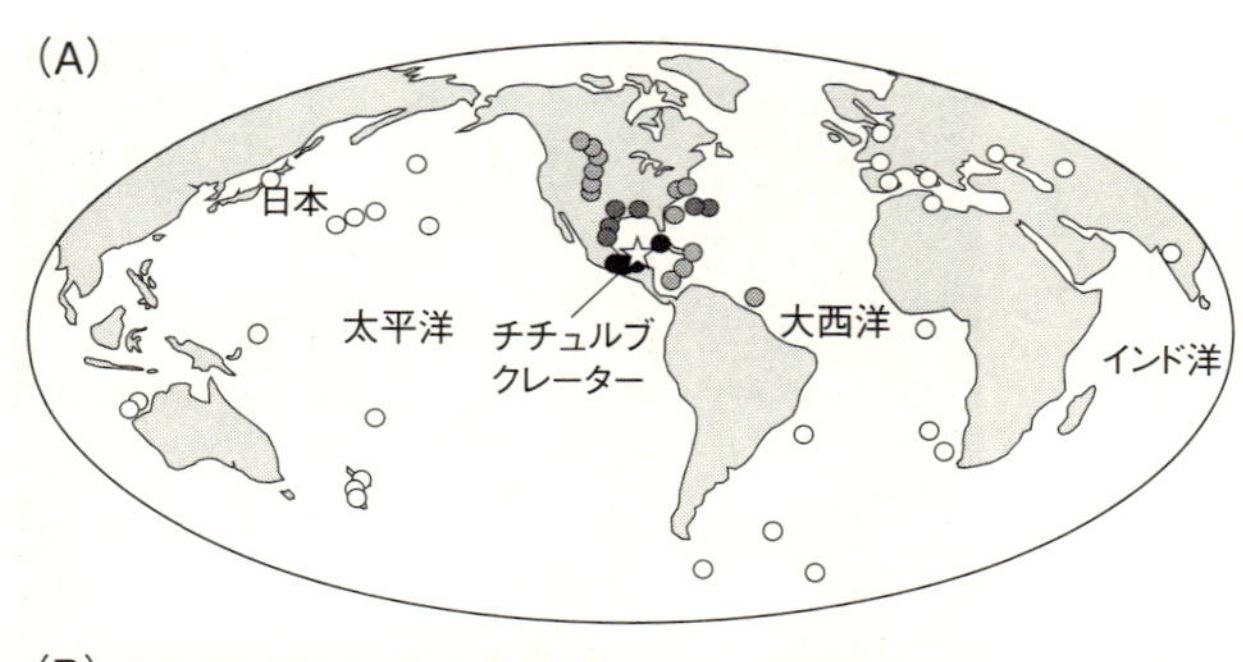

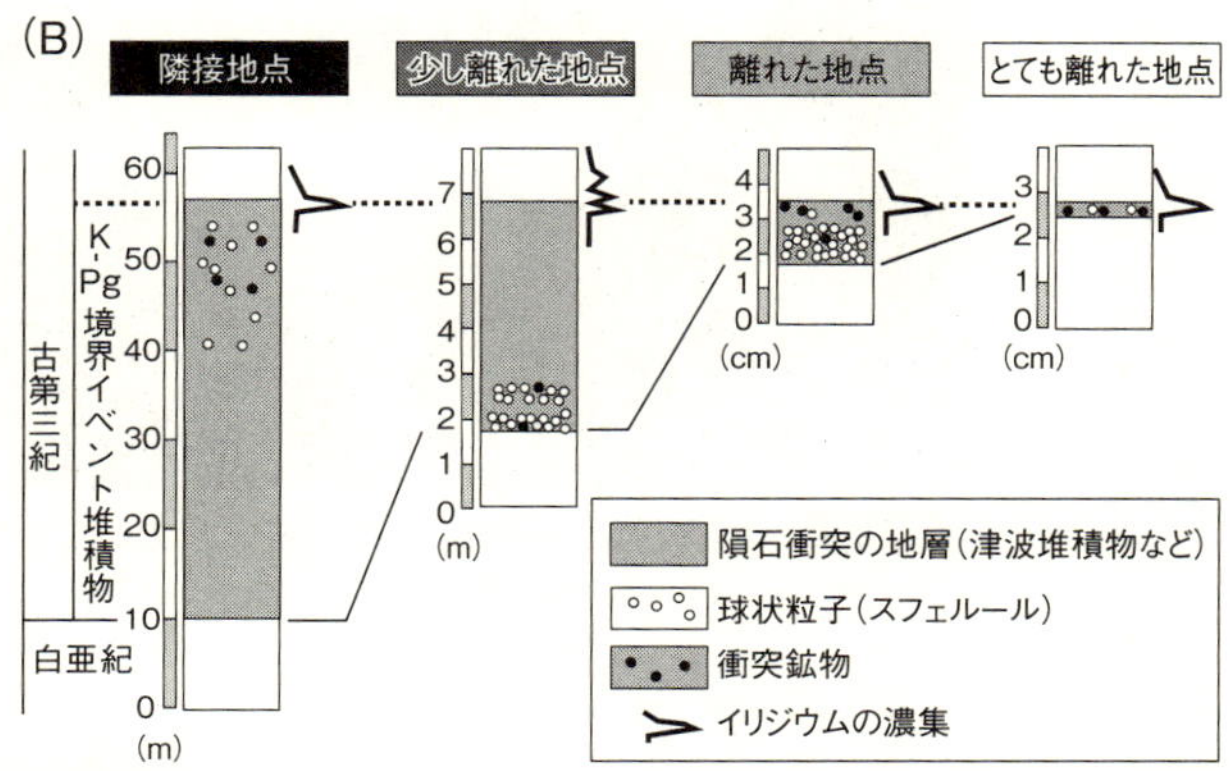

図 6-4 地球上におけるK—Pg境界層の（A）分布と（B）特徴（2010年にシュルテらが公表した図を簡略化）。図（A）の丸の濃さは図（B）の地点の分類と対応している。

にかけての地域に落下しました。激しい衝突により莫大なエネルギーが発生し、時速１０００㎞を超える爆風が発生するとともに、巨大なプルームが立ち上りました。ここでのプルームは、第４章で紹介したマントル内の巨大な上昇流ではなく、地表から空に向かって成長した高温の入道雲をさします。このプルームの

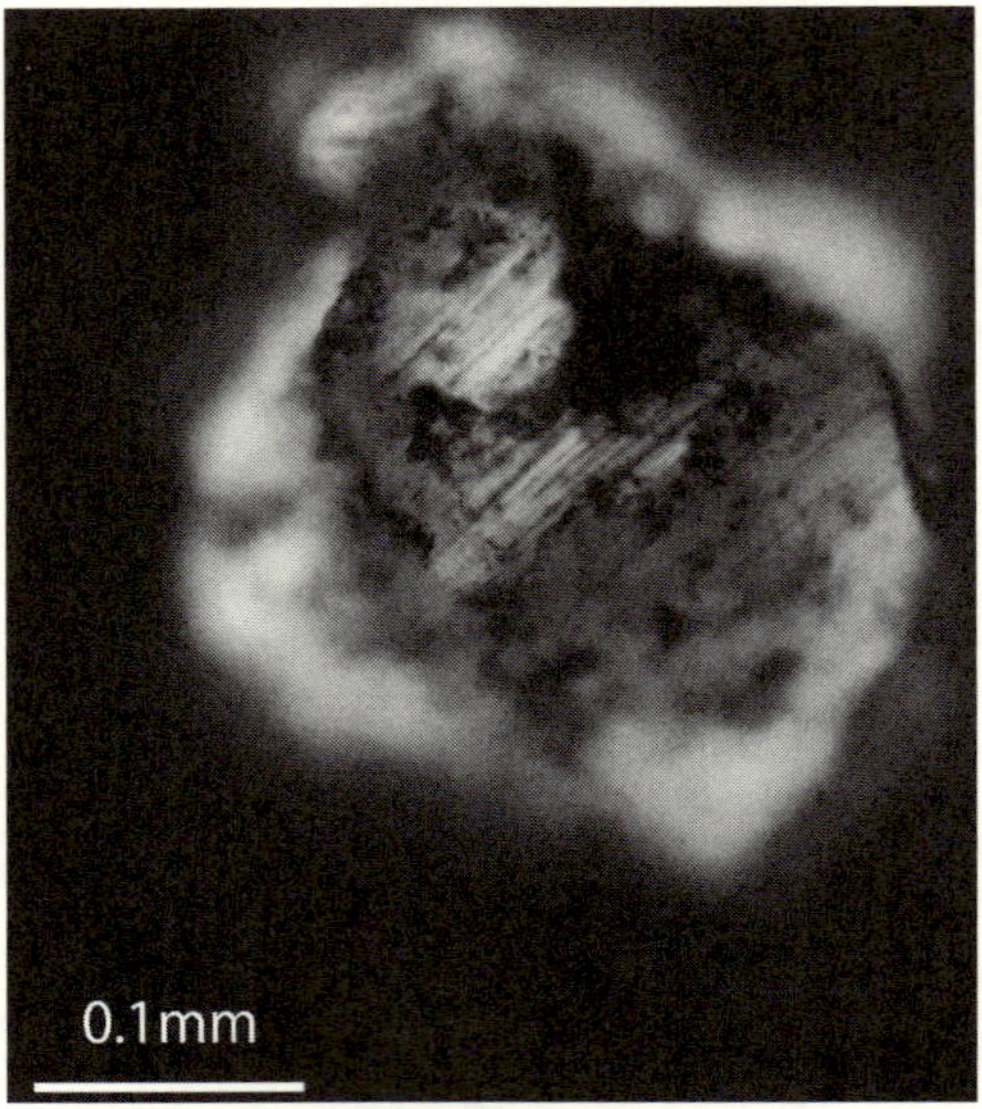

図6-5 衝突石英の顕微鏡写真。アメリカのデンバー郊外にあるK—Pg境界層から採取。

温度は1万度を超えたようです。衝突地点の岩石は粉々に砕かれて宇宙空間まで吹き飛ばされ、地表には直径160kmものクレーター（チチュルブ・クレーター）がつくられました。宇宙空間へ飛ばされた岩石の破片は、地球の広範囲に落ちてきました。するとその衝撃で大気や地表が加熱され、地表の温度は200℃を超えたと考えられています。これにより、多くの動植物は死滅したことでしょう。

また、隕石の落下地点の地層は硫黄を多量に含んでいました。それが大気中に放出され、火山噴火によるSO_2の放出と同じ現象が起きました。大気へ放出された硫黄は100億〜500億トンと見積もられています。そして大量の硫酸塩エアロゾルが大気中に漂い、太陽光を遮り、寒冷化を引き起こしました。

図６－４は、前述の隕石衝突説を解説・支持する論文に掲載された図を簡略化したものです。チチュルブ・クレーターの隣接地点では、数十メートルもの厚さの津波堆積物が確認できます。そして、クレーターから遠ざかるにつれて隕石衝突によって形成された地層は薄くなっていきます。この隕石衝突によりつくられた地層からは、球状粒子や衝突鉱物が発見されています。衝突鉱物とは、衝突の衝撃によりスジが入ってしまった鉱物です。スジが入った衝突石英の顕微鏡写真を図６－５に示しました。石英とは水晶の鉱物名です。

図６－４Ａの世界地図は、地球上のあらゆる地点でＫ－Pg境界層が調査されたことを表しています。そして、世界中のＫ－Pg境界層にイリジウムの濃集が見られることを報告しています。これらの証拠をもとに「チチュルブ衝突が大量絶滅を引き起こした」と結論したのです。

デンバーのK－Pg境界層の展示

少し前に書いたように、国立科学博物館には恐竜の絶滅に関する展示があります。これは、恐竜展示のフロアを全面改修した２０１５年夏に設置されました。この展示の一部に、アメリカのデンバー郊外で観察できるＫ－Pg境界層のレプリカ（複製品）があります。２０１４年秋、このレプリカを作製するため、国立科学博物館のスタッフは展示業者と一緒にデンバーを訪れました。地層の細かな凸凹を計測したり、正確な色を再現したりするには、実物を観察しなければなりません。

この展示を主導したのは恐竜の専門家である真鍋真博士でしたが、デンバーへは私も同行することになりました。レプリカだけでなく、本物の地層も持ち帰って展示に使用しようと考えたからです。私は実際に地層をはぎ取った経験があったので、真鍋博士から声がかかりました。

地層のはぎ取りとは、特殊なボンドを使って地層そのものを布に貼り付けて薄くはぎ取る作業です。まずスコップや鎌を使って綺麗な地層面を出現させることから始めます。表面に草やゴミがあると、地層のはぎ取りの邪魔になるからです。そしてボンドを地層面に塗り、その上に布を被せます。次に、霧吹きを使って布の上から水を吹きかけます。このボンドは水と反応して硬化するからです。ボンドが固まり、地層と布が完全に付着したら、布と一緒に地層をはぎ取ります。

デンバーではぎ取りを行ったとき、布を被せるところまではうまく作業が進みました。ところが、布を被せた段階で霧吹きを忘れたことに気づいたのです。これには困りました。すると、現地で一緒に作業をしていた展示業者のTさんが、「人間霧吹きをしましょう」と提案し、水を口に含んで霧状に吹き付けてくれたのです。Tさんが、霧吹きを使うよりも細かい霧を吹き付けてくれたおかげで、ボンドはしっかりと硬化しました。お陰様で、立派な地層をはぎ取ることができました。

このはぎ取り地層は国立科学博物館に展示されています。東京の上野へ来ることがあったら、国立科学博物館へ立ち寄り、人間霧吹きによってはぎ取られた地層をご覧ください。

火山噴火説への批判

少し脱線しましたが、K―Pg境界の大量絶滅の原因に話を戻しましょう。2010年の隕石衝突説の論文は世界に大きな反響を巻き起こしました。新聞や科学雑誌は「長年の論争が決着した」と書き、テレビや博物館の展示でも取り上げられました。

ところが、火山噴火説を支持していた研究者らはその決着に納得できませんでした。我々人間が直接見ることのできない過去の出来事を知るうえで、「100％正しい」といえることはないからです。「K―Pg境界の時期に巨大隕石が地球へ落下したという主張は理解できるが、大量絶滅が起こった原因はそれだけだろうか？　デカン・トラップを形成した噴火も大量絶滅に関連しているはずだ」というのが、火山噴火説を支持する研究者らの考えでした。

そこで、隕石衝突説に納得のいかない研究者らは、2010年の隕石衝突説の論文に対してコメントを出しました。しかし、このコメントに対する隕石衝突説支持者の反応は強烈でした。「K―Pg境界での絶滅は突然起こっており、これは隕石衝突説で説明される。一方、デカン・トラップの噴火は長期間にわたっている。デカン・トラップで起きたいくつもの噴火の中で、特に多量のマグマが噴出した時期がK―Pg境界と一致することを示すデータの報告はない」というのです。そして、「火山噴火説はデカン・トラップの噴火活動に伴う硫黄の放出のみによって大量絶滅を説明しようとしているが、隕石衝突説は硫黄だけでなく、衝突にともなって発生した粉塵、火災により発生した灰など、さまざまな影響による環境変動を考えている」と反論しています。つまり「火山噴火説は大量絶滅との関連性を十分に考えていない」と批判したのです。

火山噴火説サイドの反撃

ここまで批判されると、私のような小心者は黙り込んでしまいますが、火山噴火説を支持する研究者らは奮い立ちました。2010年以降、デカン・トラップを詳細に調べ、火山噴火説を主張するためのデータを積み上げていったのです。

火山噴火説を主張する研究者らが調べたデカン・トラップの分布を図6-6Aに示しました。デカン・トラップはインド半島にあり、日本の国土よりも広い範囲に多量の溶岩流が分布しています。最もよく調べられた場所はアラビア海沿いの西ガーツ山脈であり、溶岩流の垂直方向の厚さは2000mを超えます。この西ガーツ山脈に分布する溶岩流の断面図を図6-6Bに示しました。

2010年以降に火山噴火説を主張する研究者らが報告したデータのすべてを示すことはでき

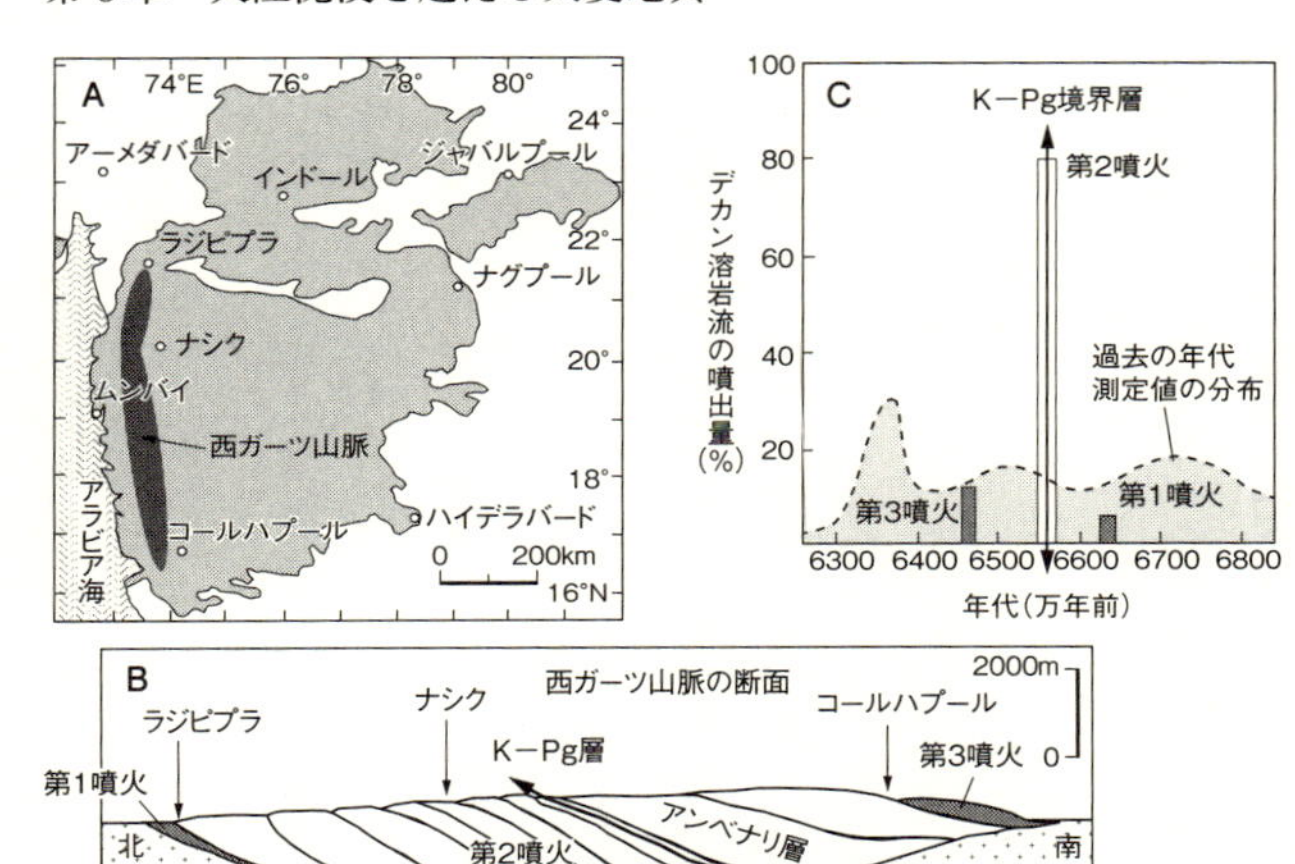

図6-6　(A) デカン・トラップの分布（2001年に佐野らが公表した図を簡略化）。(B) 西ガーツ山脈地域に分布する溶岩流の断面図（2009年にシェネらが公表した図）。(C) デカン・トラップの噴出年代（2009年にシェネらが公表した図へ2015年にシューネらが公表した情報を加筆）。点線で示した過去の年代測定値の分布は、1991年にバンダムらがまとめたもの。

ませんが、ここでは代表的な2つの論文を紹介します。これらはともに、2010年の隕石衝突説論文が掲載された科学雑誌で公表されました。

1つ目は、正確な火山の噴火年代を決めたという論文です。これはプリンストン大学（アメリカ）のシューネ准教授らが2015年に公表しました。

これまで、各時期におけるデカン・トラップでの溶岩流の噴出量については、図6－6Cのような不鮮明な3つのピークが描かれていました。ピークが不鮮明なのは、K－Ar年代という不確かな方法でしか決められていなかったからです。おおざっぱな見積もりですが、およそ6600万年前に噴火があったといわれていました。そして噴火は断続的に数百万年間続いたと推定されていました。

このような過去の報告よりも信頼のおける噴火年代を求めるため、シューネ准教授らはジルコンのU—Pb年代測定を行いました。デカン・トラップ溶岩の大部分はジルコンを含まない玄武岩でしたが、わずかに存在する珪長質な岩石の中からジルコンを探し出したのです。結果は、デカン・トラップの噴火がK—Pg境界の25万年前に始まり、およそ75万年間続いたというものでした。そして、デカン・トラップの全溶岩の80%を噴出した第2噴火は、ちょうどK—Pg境界の時期に起こったことがわかりました。つまり、デカン・トラップを形成するマグマの大部分が、K—Pg境界の時期に噴出したのです。

2つ目の論文は、チチュルブ・クレーターをつくった隕石落下の衝撃がデカン・トラップの火山活動を活発化させ、続く50万年間にわたって地球大気が粉塵だらけの有害な状態になった、という説を提案するものでした。これはカリフォルニア大学バークレー校のレニ教授らのアイデアです。

デカン・トラップの最も激しい噴火は第2噴火の終盤に起こり、溶岩流地層の中で最も厚いアンベナリ層を形成しました（図6-6B）。この噴火が起きたのがチチュルブ・クレーターの隕石落下から5万年以内だったことがわかり、レニ教授らは隕石落下の衝撃が火山活動を活発化させたと考えたのです。つまり、巨大隕石の衝突とアンベナリ層を形成した噴火の両方が大量絶滅を引き起こした、という主張です。

このようにデカン・トラップの噴火年代が詳しくわかってきたので、噴火と生物の絶滅との関連を調べられるようになりました。その結果、噴火の時期に恐竜や植物の種類が減少したことなどが明らかになってきました。

論争は続く……

巨大隕石の落下が恐竜を含む多くの生物を死滅させたことは、広く社会に知れ渡りました。その一方で、隕石衝突だけがK―Pg境界での大量絶滅の原因ではない、と主張する研究者もいるのが学界の現状です。デカン・トラップをつくった噴火と生物の絶滅との関連にはまだ不明な点が多くあるので、今後も研究成果を積み重ねていく必要があります。

巨大隕石の落下と生物の大量絶滅との関係は単純明快に思えます。隕石の衝突により世界中の地表が200℃を超える高温になったとすれば、大量絶滅も起きて当然と納得しやすいでしょう。これに対し、火山噴火に起因する環境変動のメカニズムは複雑で、大量絶滅との関連性が簡単には説明できません。

ところが、2016年に出版された論文で、巨大噴火と大量絶滅をつなぎ得る単純明快なデータが報告されました。それは、デカン・トラップの噴火により水銀(Hg)が放出されたというものです。水銀は生物にとって猛毒なので、これが大気中へまき散らされたとすれば大量絶滅も十分あり得ると納得できます。この論文の内容をもう少し詳しく見てみましょう。

図6-7に、フランスのスペイン国境付近の町ビダールにある地層を示しました。これを見ると、K—Pg境界層よりも下に水銀の濃集した層があることがわかります。論文の著者らは、この水銀はデカン・トラップの第2噴火によって放出されたと主張しました。このデータからは、火山噴火が大量絶滅を引き起こした、という単純明快な説明を思いつきます。しかし、まだ1枚の地層でしか確認されていないという弱点があります。今後、世界中の地層で同様の分析をして、検証していく必要があるでしょう。さらに、デカン・トラップに含まれる水銀量も知りたいところです。

水銀の濃集に関する説は一例にすぎず、このように火山噴火で大量絶滅の原因を単純明快に説明し得るデータが、これからも得られるかもしれません。

隕石衝突説を主張する研究者らも負けていません。隕石落下と大量絶滅との関連性を詳しく調べるため、2016年に科学掘削船を使ってチチュルブ・クレーターでボーリング調査が行われました。その速報として、クレーターの形や岩石の種類などが、米国の著名な雑誌に報告されま

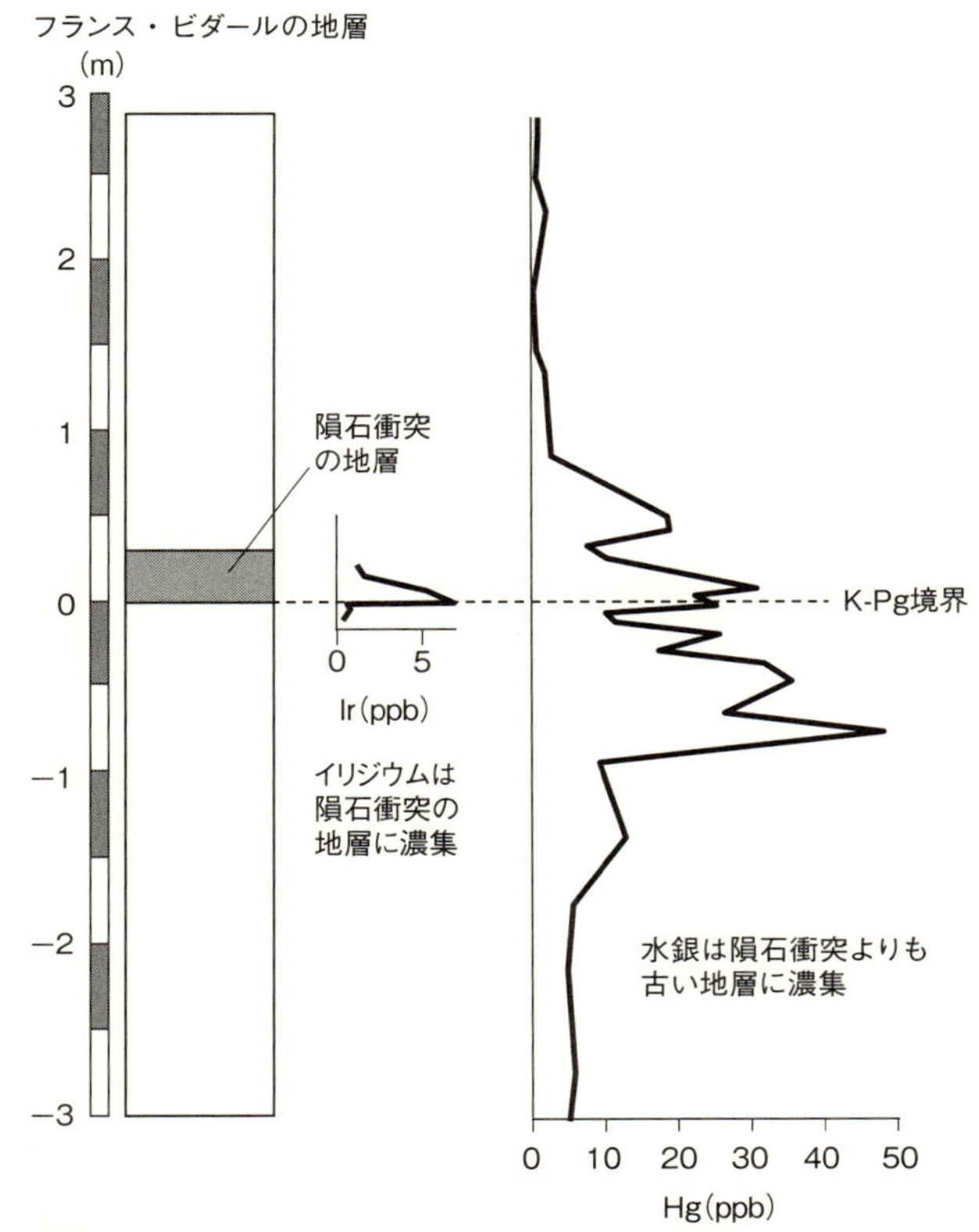

図6-7 フランスのビダールに存在する地層中のイリジウム(Ir)と水銀(Hg)の濃度(2016年にフォントらが公表した図を簡略化)。ppbとは1000万分の1%。

した。今後も、ボーリングにより得られた岩石から、大量絶滅に関する新たな情報が得られるでしょう。

ここまで見てきたように、火山噴火説と隕石衝突説の主張は食い違いますが、互いに競り合う中で次々と新発見を伝えてきました。大量絶滅に関する、今後の新たな論争も楽しみにしていてください。

おわりに

本書は、私がブルーバックスへ書いた2冊目の著書です。前作『地球を突き動かす超巨大火山：新しい「地球学」入門』が発行された後、編集担当の小澤久さんから「次はムー大陸を地質学的に検証する本を出版しましょう」と提案されました。ブルーバックスといえば、私にとって学生時代から愛読してきたシリーズなので、うれしくなって「ぜひ書かせてください」と即答しました。しかし冷静になってみると、「ムー大陸伝説などのオカルト話に真面目に取り組んだら、世間から怪しげな研究者と見られてしまうかもしれない」という不安が湧いてきたのです。

そこで、おそらく小澤さんは社交辞令で冗談をいっただけだと思い込み、執筆に関する準備は何もしていませんでした。しかし数ヵ月後、小澤さんから「ムー大陸の本はどうなっていますか？」という連絡が来たのです。これには少し驚き、冗談だと思っていたことを小澤さんへ伝えました。すると、「大真面目ですよ。我々は幽霊の科学などの本も出版していますから」といわれてしまいました。そこで慌てて執筆の準備に取りかかり始めたのです。

執筆の準備は、まずムー大陸伝説に関するさまざまな本を集めて読むことから始めました。読んだ本の多くは、古代文字の解読、失われた文明の規模やレベルの推定、大陸沈没がもたらした悲劇の紹介、といった内容が中心で、「どうして陸が海に沈んだのか？」という疑問について地質学的に検証したものはありませんでした。そこで、地質学の基礎から始めて、そもそも地質学的に大陸とは何なのか、大陸が海に沈むことはあり得るのか、などの問いに答えていけば、1冊の本が書けると考えました。そうやって本書の骨子を作り上げ、その内容を小澤さんに見てもらった後、本格的に執筆を開始したのです。

本書は地質学の基礎を解説するだけでなく、最新の研究成果も紹介しながら、ムー大陸伝説を検証することを目指しました。海に沈んでいるかもしれない大陸について解説した本書を読むと、地球にはまだ明らかになっていない謎が多くあることに気がつくと思います。これらの謎を解明するために、地質学者らは世界中で調査を行っています。今、海に沈んだ大陸の一部として最も注目されているのが、第1章と第5章で紹介したロードハウ海台です。最近の情報によると、科学掘削船を使ってロードハウ海台をボーリング調査する国際的な研究計画があるそうです。もしかすると、数年後にはロードハウ海台の厚い堆積層の下から花崗岩が採取され、「ムー大陸発見か?」という報道発表がなされるかもしれません。さらに第4章で紹介したように、伊豆―小笠原弧の地下では大陸地殻がつくられています。そして、西之島火山からは大陸地殻の平均組成である安山岩マグマが噴出しているという、興味深い事実もあります(2016年に佐野らが公表)。今後の伊豆―小笠原に関する研究からも目が離せません。

本書の執筆中、国立科学博物館の2名の同僚には原稿の一部も読んでもらい、いくつものアドバイスをもらいました。同僚の一人はジルコン年代測定を専門とする堤之恭さん、もう一人は大陸地殻を研究している谷健一郎さんです。本書の原稿の一部は三部賢治さんと斎藤実篤さんにも読んでいただき、コメントをいただきました。講談社ブルーバックスの小澤久さんには、本の内容を起案していただき、編集担当の渡邉拓さんには出版にいたるまでお世話になりました。これらの方々に感謝いたします。

- Schoene, B. *et al.* (2015). *Science*, **347**, 182—184.
- Schulte, P. *et al.* (2010). *Science*, **327**, 1214—1218.
- Sobolev, S. V. *et al.* (2011). *Nature*, **477**, 312—316.
- Vandamme, D. *et al.* (1991). *Reviews of Geophysics*, **29**, 159—190.

おわりに

- Sano, T. *et al.* (2016). *Journal of Volcanology and Geothermal Research*, **319**, 52-65.

Letters, **161**, 85—100.
- Johnston, E. N. *et al.* (2014). *Journal of Geological Society*, **171**, 583—590.
- 北里洋 (2014).『深海、もうひとつの宇宙』, 岩波書店, 176p.
- Matthews, K. J. *et al.* (2015). *Earth-Science Reviews*, **140**, 72—107.
- O'Connor, J. M. *et al.* (1995). *Earth and Planetary Science Letters*, **136**, 197—212.
- Shimizu, K. *et al.* (2013). *Earth and Planetary Science Letters*, **383**, 37—44.
- Stein, C. A. & Stein, S. (1992). *Nature*, **359**, 123—129.
- Sutherland, R. *et al.* (2010). *Tectonics*, **29**, TC2004.
- Mortimer, N. *et al.* (2015). *Australian Journal of Earth Sciences*, **62**, 735—742.

第6章

- Alvarez, L. W. *et al.* (1980). *Science*, **208**, 1095—1108.
- Chenet, A. L. *et al.* (2009). *Journal of Geophysical Research*, **114**, B06103.
- Font, E. *et al.* (2016). *Geology*, **44**, 171—174.
- Kuzmin, M. I. *et al.* (2010). *Earth-Science Reviews*, **102**, 29—59.
- Morgan, J. V. *et al.* (2016). *Science*, **354**, 878—882.
- Renne, P. R. *et al.* (2015). *Science*, **350**, 76—78.
- Sano, T. *et al.* (2001). *Journal of Petrology*, **42**, 2175—2195.
- Sato, H. *et al.* (2013). *Nature Communications*, **4**, 2455.

- Condie, K. C. (1997). *Plate Tectonics and Crustal Evolution, 4th ed.*, Butterworth Heinemann, 282p.
- Condie, K. C. & Aster, R. C. (2010). *Precambrian Research*, **180**, 227—236.
- Hurley, P. M. & Rand, J. R. (1969). *Science*, **164**, 1229—1242.
- Kemp, A. I. S. *et al.* (2006). *Nature*, **439**, 580—583.
- Kushiro, I. (1990). *Journal of Geophysical Research: Solid Earth*, **95**, 15929—15939.
- McKenzie, D. & O'nions, R. K. (1983). *Nature*, **301**, 229—231.
- McCulloch, M. T. & Bennett, V. C. (1994). *Geochimica et Cosmochimica Acta*, **58**, 4717—4738.
- 水谷伸治郎 (1988). 16 章「地質構造」. 杉村新ほか編 ,『図説地球科学』, pp.144—153, 岩波書店 .
- Tani, K. *et al.* (2010). *Geology*, **38**, 215—218.
- Tani, K. *et al.* (2015). *Earth and Planetary Science Letters*, **424**, 84—94.
- Taylor, S. R. & McLennan, S. M. (1995). *Reviews of Geophysics*, **33**, 241—265.
- Voice, P. J. *et al.* (2011). *The Journal of Geology*, **119**, 109—126.

第5章

- Cogley, J. G. (1984). *Reviews of Geophysics*, **22**, 101—122.
- Ito, G. & Clift, P. D. (1998). *Earth and Planetary Science*

第３章

- Cawood, P. A. *et al.* (2013). *Geological Society of America Bulletin*, **125**, 14—32.
- Hawkesworth, C. J. & Kemp, A. I. S. (2006). *Chemical Geology*, **226**, 134—143.
- Kushiro, I. (1974). *Earth and Planetary Science Letters*, **22**, 294—299.
- Rudnick, R. L. & Fountain, D. M. (1995). *Reviews of Geophysics*, **33**, 267—309.
- Sisson, T. W. *et al.* (2005). *Contributions to Mineralogy and Petrology*, **148**, 635—661.
- Shaw, D. M. *et al.* (1967). *Canadian Journal of Earth Science*, **4**, 829—853.
- Taylor, S. R. & McLennan, S. M. (1985). *The Continental Crust: Its Composition and Evolution*, Blackwell Scientific, 321p.

第４章

- Armstrong, R. L. (1968). *Reviews of Geophysics*, **6**, 175—199.
- Armstrong, R. L. & Harmon, R. S. (1981). *Philosophical Transactions of the Royal Society of London A*, **301**, 443—472.
- Armstrong, R. L. (1991). *Australian Journal of Earth Sciences*, **38**, 613—630.

引用文献

第1章

- ジェームス・チャーチワード (1997).『失われたムー大陸』（小泉源太郎訳，ボーダーランド文庫），角川春樹事務所，315p.
- Nur, A. & Ben-Avraham, Z. (1982). *Journal of Geophysical Research: Solid Earth*, **87**, 3644—3661.
- 磯崎行雄ほか (2010). 地学雑誌，**119**, 999—1053.
- Saito, Y. & Hashimoto, M. (1982). *Journal of Geophysical Research: Solid Earth*, **87**, 3691—3696.

第2章

- Bartolini, A. & Larson, R. L. (2001). *Geology*, **29**, 735—738.
- Nakanishi, M. et al. (1992). *Geophysical Research Letters*, **19**, 693—696.
- Nur, A. & Ben-Avraham, Z. (1977). *Nature*, **270**, 41—43.
- Pavoni, N. (2003). *Geology*, **31**, e1—e2.
- Seton, M. *et al.* (2012). *Earth-Science Reviews*, **113**, 212—270.
- Taylor, B. (2006). *Earth and Planetary Science Letters*, **241**, 372—380.

《ま行》

《や行》

《ら行》

《な行》

《は行》

《さ行》

《た行》

さくいん

N.D.C.450　238p　18cm

ブルーバックス　B-2021

海に沈んだ大陸の謎

最新科学が解き明かす激動の地球史

2017年 7 月20日　第1刷発行

著者　佐野貴司

発行者　鈴木　哲

発行所　株式会社講談社

〒112-8001 東京都文京区音羽2-12-21

電話　出版　03-5395-3524

販売　03-5395-4415

業務　03-5395-3615

印刷所　（本文印刷）慶昌堂印刷株式会社

（カバー表紙印刷）信毎書籍印刷株式会社

製本所　株式会社国宝社

定価はカバーに表示してあります。

ISBN978－4－06－502021－0

発刊のことば

科学をあなたのポケットに

二十世紀最大の特色は、それが科学時代であるということです。科学は日に日に進歩を続け、止まるところを知りません。ひと昔前の夢物語もどんどん現実化しており、今やわれわれの生活のすべてが、科学によってゆり動かされているといっても過言ではないでしょう。

そのような背景を考えれば、学者や学生はもちろん、産業人も、セールスマンも、ジャーナリストも、家庭の主婦も、みんなが科学を知らなければ、時代の流れに逆らうことになるでしょう。

ブルーバックス発刊の意義と必然性はそこにあります。このシリーズは、読む人に科学的に物を考える習慣と、科学的に物を見る目を養っていただくことを最大の目標にしています。そのためには、単に原理や法則の解説に終始するのではなくて、政治や経済など、社会科学や人文科学にも関連させて、広い視野から問題を追究していきます。科学はむずかしいという先入観を改める表現と構成、それも類書にないブルーバックスの特色であると信じます。

一九六三年九月　野間省一